国家自然科学基金资助项目（51208309）

辽宁前清建筑文化遗产区域整体保护模式研究

王肖宇 等 著

U0214982

科学出版社
北 京

内 容 简 介

全书共 11 章。提出、界定了辽宁前清建筑遗产区域的概念和主题，论述其价值，指出研究的目的、意义、内容与基本思路；引入层次分析法构建辽宁前清建筑遗产区域，介绍其原理和步骤；分析建筑遗产区域的构成和现存问题，提出遗产群的概念，确定了 FLFS 的立体交叉保护模式和保护原则；介绍前清建筑文化遗产区域交通系统的规划、展示与标识系统的规划、解说系统的规划和具体方案设计，以及东京陵的保护规划和文物修缮方案设计，并作出遗产区域的构建与保护模式的决策。

本书可供高校建筑系相关专业本科生和从事古建筑历史研究的工程技术人员学习参考。

图书在版编目（CIP）数据

辽宁前清建筑文化遗产区域整体保护模式研究／王肖宇等著. —北京：科学出版社，2016.3

    ISBN 978-7-03-047427-8

    Ⅰ．①辽… Ⅱ．①王… Ⅲ．①古建筑–文化遗产–保护–研究–辽宁省–清前期 Ⅳ．①TU-87

    中国版本图书馆 CIP 数据核字（2016）第 042589 号

责任编辑：任彦斌／责任校对：李 影
责任印制：张 倩／封面设计：无极书装

科 学 出 版 社 出版
北京东黄城根北街 16 号
邮政编码：100717
http://www.sciencep.com

文林印务有限公司 印刷
科学出版社发行 各地新华书店经销

*

2016 年 3 月第 一 版 开本：720×1000 1/16
2016 年 3 月第一次印刷 印张：15 1/2
字数：295 000

定价：86.00 元
（如有印装质量问题，我社负责调换）

本书撰写人员

王肖宇　（第 1 章至第 5 章、第 10 章）

孟津竹　（第 6 章）

姜军　　（第 8 章）

李维　　（第 7 章）

王晓航　（第 9 章）

姜秋实　（第 11 章）

徐博　　（保护规划方案设计及其他部分）

王海丹　（保护规划工作）

前　言

随着世界上文化遗产保护整体性、区域化的发展趋势，遗产区域和遗产廊道等一系列相关文化遗产保护方法在国际遗产保护界受到越来越高的重视。辽宁省境内是前清历史信息含量很高、前清建筑文化遗产现象密集的地区（前清，即以公元 1616 年女真首领努尔哈赤创建大金开始，公元 1636 年皇太极改大金为大清，至公元 1644 年摄政王多尔衮率清军开进山海关，定鼎北京，这前后 28 年清朝建立的前期）。这些建筑文化遗产涵盖城池、宫殿、陵寝、战场遗址、寺庙、民居等类型，形成大尺度的前清建筑文化遗产区域。这个区域记载着清朝建立前期满族文化在辽沈地区发展和传播的印迹，是早期清文化的缩影，承载着丰富的前清历史信息和文化内涵，具有独特的前清文化特征。

本书提出构建辽宁省境内的"前清建筑文化遗产区域"，运用拓扑学的理论与方法对辽宁前清建筑文化遗产区域进行五个保护层次的划分，在遗产区域中划分四个保护系统，形成 FLFS（five levels, four systems）立体交叉式保护模式，以此完成对这种大型遗产类型的整体保护。遗产区域保护模式能够从整体上保护辽宁前清时期的建筑文化遗产，较之分散的建筑遗产点状保护，效果更好，影响更大，易于摸索普遍规律，形成科学方法，不断深化保护的内涵，可以为今后我国的文化遗产保护工作提出一个大尺度遗产类型的研究模式。

全书共 11 章。第 1 章为绪论，介绍研究背景和遗产区域的概念及其特征，指出研究目的与意义、研究的内容和基本思路。第 2 章提出辽宁前清建筑文化遗产区域的概念，界定辽宁前清建筑文化遗产区域的主题，论述辽宁前清建筑文化遗产区域的价值。第 3 章引入层次分析法构建辽宁前清建筑文化遗产区域，介绍层次分析法的基本原理和步骤，最后作出遗产区域构建的决策。第 4 章根据辽宁前清建筑文化遗产区域的调研成果，分析辽宁前清建筑文化遗产区域的构成和现存问题。第 5 章确定辽宁前清建筑文化遗产区域的保护原则，确定辽宁前清建筑文化遗产区域 FLFS 的立体交叉式保护模式，并提出遗产群的概念，对未来地理信息系统应用在遗产区域方面的保护进行展望。第6章是辽宁前清建筑文化遗产区域交通系统的规划，分为区域、城市、遗产点和文物建筑四个层次的具体方案设计。第7章是辽宁前清建筑文化遗产区域展示和标识系统的规划，分为区域、遗产群、遗产点和文物建筑四个层次的具体方案设计。第8章是辽宁前清建筑文化遗产区域解说系统的规划，分为区域、遗产群、遗产点和文物建筑四个层次的具体方案设计。第9章是辽宁前清建筑文化遗产区域支持系统的阐述。第10章是东京陵的保护规划方案设计。第11章是舒尔哈奇陵的文物修缮方案设计。全书没有注明来源的图和表均由作者调研绘制或拍摄。

　　　本书是国家自然科学基金资助项目"辽宁前清建筑文化遗产区域整体保护模式研究"（51208309）的研究成果，是课题组成员共同的汗水结晶。其中，第1章至第5章内容由王肖宇撰写；第6章内容由孟津竹撰写；第7章内容由李维撰写；第8章内容由姜军撰写；第9章内容由王晓航撰写；第10章由王肖宇完成；第11章由姜秋实完成。另外，东京城和中前所城的保护规划方案设计由姜秋实和徐博完成，参加保护规划工作的还有王海丹。参加调研工作和图纸绘制工作的人员还有沈阳工业大学建筑学2010级和2011级学生：康东宝、李耀、王竹林、高嘉殷、表秀峰、黄立平、聂鑫、刘漫、孙加一、何寅峰、韦思、黄远远、张洪瑞、吕凯、梁默、王兆展、刘春生、罗婷婷、孙佳、张晨、张卉、吴丹蕾、符常明。

作　者
2016 年 1 月

目　　录

第 1 章　绪　　论

1.1　研　究　背　景

1.1.1　辽宁省境内具有丰富的前清建筑文化遗产资源

清朝文化起源和初期发展时期的很多历史文化遗产都主要分布在辽宁省境内。辽宁省境内是前清历史信息含量很高，前清建筑文化遗产现象密集的地区（前清，即以公元 1616 年女真首领努尔哈赤创建大金开始，公元 1636 年，皇太极改大金为大清，至公元 1644 年摄政王多尔衮率清军开进山海关，定鼎北京，这前后 28 年清朝建立的前期）。这些建筑文化遗产涵盖城池、宫殿、陵寝、战场遗址、寺庙、民居等类型，形成了大尺度的前清建筑文化遗产区域。这个区域记载着清朝建立前期满族文化在辽沈地区发展和传播的印迹，是早期清文化的缩影，承载着丰富的前清历史信息和文化内涵，非常具有独特的前清文化特征。

满族是崛起于 17 世纪初的民族，是继蒙古族以后在中国历史上又一次建立起统一王朝的少数民族，在中国清代近三百年统治中起过重要的作用。满族在历史发展中，由于所处的地理环境、文化传统、经济类型和历史背景，其发展道路呈现出鲜明的满族自身的文化特色。满族特有的风俗习惯及当时的政治、经济、文化、宗教特点，对当时的历史和社会都产生了深刻的影响。满族作为中国的少数民族，自清代以来逐步形成了独具特色的"清"文化，并有一套完整的民族文化体系，根基就在满族崛起和清文化的诞生地——辽宁省境内。辽宁省境内的文化遗产为清朝早期文化核心区这一事实，如今已被越来越多的世人所认可。辽宁省境内的前清建筑文化遗产不仅数量和类型多而密集，而且能充分反映满族鲜明的民族特色，体现早期清文化的精华。具体来讲，从努尔哈赤统一建州女真各部创建的大金政权，到皇太极改女真为满族称谓并建立大清国，再到多尔衮开进山海关并定鼎北京。这 28 年满族的发展历程都在辽宁省境内留下了深深的历史印记。其中包括满族早期修建的代表满族发祥地的城池和宫殿，后金（清）军在入关之前与明朝军队发生战争的战场遗址，与其他朝代修建陵墓方式有所区别的清代祖陵，清前期为了笼络蒙古让藏传佛教在满族传播而修建的藏传佛教寺庙，还有能够反映满族与其他民族文化交流融合的建筑等。这些建筑文化遗产都说明辽宁省境内具有众多有较高前清历史和文化信息含量的建筑文化遗产和历史古迹。

1.1.2 辽宁前清建筑文化遗产区域研究现状

长期以来，我国对文化遗产的保护多采取以文物保护单位进行的对某个文物单个的研究与保护，每一处文物都有相应的管理机构和保护单位进行管理和维护，各个文物部门之间的横向联系少之又少。孤立的研究和认识它们的特征和价值，不能形成反映文化发展过程的整体认识，对历史文化的保护形成了断裂的现状和趋势。目前辽宁省境内的前清建筑文化遗产的保护还仅仅是局部性和区段性的。例如，对世界文化遗产沈阳故宫的单独研究展示了清代在不同时期建造和维修宫殿的文化特征和满族自身的生活特点；研究前所城城址也只是了解入关前明清战争中的某一段相关历史文化；对兴城的研究可能更多是关于宁远大战的一段历史。历史事件与历史事件之间未能得到有效的联系，它们孤立的存在于现实之中。这些具有共同主题的前清建筑文化遗产在辽宁省境内相邻的市、区县得到的保护也是不均衡的，并且由于经济的发展、民众的意识、保护的措施等因素的影响，有很多遗产已鲜为人知。尤其近年来，随着经济的快速发展，许多文化遗产保护面临着严峻的现实问题，许多具有极高价值的有形物质文化遗产和无形非物质文化遗产遭到了严重的破坏。除一宫两陵（沈阳故宫、福陵和昭陵）受到较高的重视与极大的关注之外，还有许多其他的前清文化遗产的保护问题均未给予足够的重视，如明清战争宁远战役发生地——兴城城墙的倒塌、皇太极曾经在沈阳修建的西塔延寿寺的不复存在、辽阳东京陵的严重破坏等。许多前清建筑文化遗产遭到了严重的破坏，其现状令人担忧。辽宁省境内的前清建筑文化遗产的保护未能有效地进行整体的统筹安排与科学管理。

1.1.3 世界对遗产保护的区域化趋势

目前，世界文化遗产保护已经开始形成区域化、整体性的发展趋势。1976年11月26日，联合国教科文组织大会在华沙内罗毕通过了《关于历史地区的保护及其当代作用的建议》（简称《内罗毕建议》，recommendation concerning the safeguarding and contemporary role of historic areas）。文件在原来单个建筑保护的概念上明确增加了对"历史地段建筑群保护"的概念。《内罗毕建议》中指出："历史地段是指在某一地区（城市或村镇）历史文化上占有重要地位，代表这一地区历史发展脉络和集中反映地区特色的建筑群。其中或许每一座建筑都够不上文物保护的级别，但从整体来看，却具有非常完整而浓郁的传统风貌，是这一地区历史活的见证。它包括史前遗址、历史城镇、老城区、老村落等。"1987 年 10 月，《内罗毕建议》的内容在《保护城镇历史地区的法规》（即《华盛顿宪章》，the washington charter：charter on the conservation of historic towns and urban areas）中得到原则性总结，《华盛顿宪章》成为继《威尼斯宪章》之后最重要的一份国际性的关于保护历史建筑和历史性城市的国际性法规文件。《内罗毕建议》、《华盛顿宪章》等重要文献的制定，表明了文化遗产的保护范围实际上已经扩大到整个历史城镇。

遗产保护区域化趋势主要表现在把自然和文化遗产合二为一。1968 年，美国就召开了"世界遗产保护"白宫会议，呼吁保护世界的自然风景区和文化遗产，这是官方公开发表的关于文化和自然遗产合二为一最早的文件之一。1972年联合国教科文组织制定了《保护世界文化和自然遗产公约》，正式把自然遗产和文化遗产一起作为具有普遍价值的遗产加以保护。自然和文化遗产的合二为一是这一权威公约的突出特点。公约中有一条"人与自然的共同作品"，后来作为"文化景观"单独列入遗产地范畴。在 1984 年的世界遗产会议上，人们曾就这个问题做过讨论，许多专家认为，在今天的世界上，纯粹的自然地已经十分稀少，更多的是在人影响之下的自然地，即人与自然共存的区域，这些区域中有相当一部分具有重要价值。在这一背景下，许多西方国家都开展了区域化的遗产保护。以法国为例，在 1983 年法国就制定了《建筑和城市遗产保护法》，对包括建筑和城市在内的文化遗产加以保护。1993 年又在该法基础上进一步完善并制定了《建筑、城市和风景遗产保护法》，提出建筑、城市和风景遗产保护区的概念，对包括建筑群、自然风景、田园风光在内的区域加以保护。

随着世界上对文化遗产的保护范围不断扩大，由单体文物到历史地段，再至整座城镇，进而兼及文化景观（cultural landscape），其保护内容与方法是逐渐复杂与深广的。在这一背景下，许多西方国家都开展了整体性、区域化的遗产保护。景观生态、遗产保护、旅游开发等领域出现了绿道（greenway）、遗产区域（heritage area）、遗产廊道（heritage corridor）、文化线路（cultural route）、生态廊道（ecological corridor）、风景道（parkway）等一系列相关理念，连接几座甚至几十座城市、一个或多个国家的更大文化区域，纵贯或横穿多国的遗产线路。以解决自然及人文景观破碎化、遗产保护片断化的问题。这些理念的产生使遗产保护更加向着整体性的趋势发展。直到 2014 年 4 月，美国国会已经批准了 49 个遗产区域及其类似项目。在欧洲，也有类似于遗产区域的做法。1993 年，西班牙的桑地亚哥·德·卡姆波斯特拉朝圣路被列入世界文化遗产名单。1994 年，在西班牙政府的帮助下，世界文化遗产专家研讨会在马德里召开。现在，ICOMOS（国际古迹理事会）下边设有专门的机构 CIIC（the icomos international scientific committee on cultural routes，国际古迹理事会文化线路科技委员会）负责文化线路类遗产的研究和管理。遗产保护已经成为一种区域性的战略。

1.2　遗产区域的概念及其特征

1.2.1　遗产区域的概念

遗产区域（heritage area）思想起源于 20 世纪 80 年代，是美国针对本国大尺度、跨区域、综合性文化遗产保护而提出的新理念。美国国家公园局对遗产区域的定义是"为了当代和后代的利益，由居民、商业机构和政府部门共同参与保护、展示地方和国家的自然和文化遗产的区域。遗产区域包括较大尺度的独特资源，可以是河流、湖泊或山脉等自然资源类型；又可以是运河、铁路、道路等文化资源类型；还可以是废弃废旧的工厂、矿地等文化资源"。美国保护基金会在其名为《新一代的国家公园》一书中将遗产区域保护定义为一种从要素到整体环境的保护方法。在遗产区域观念与方法的指导下，遗产保护对象由传统的单个孤立的遗产点或自然公园转变成了有人类居住的区域文化景观。在美国，遗产区域还有遗产廊道（heritage corridor）、城市文化公园（urban cultural park）、遗产公园（heritage park）、合作公园（partnership park）、遗产合作伙伴（heritage partnership）、遗产地区（heritage district）等多种称谓（NPS，1998，2004；Bray，1994；Laura，2003；Laven，2005；Oldham，1991；Peskin，2001；Patricia，2004；Oldham，1991；Vincent，2004）。就其内涵而言，遗产区域是拥有特殊文化遗产集合的区域性文化景观，是由于文化发展的特殊条件所形成的区域性遗产的集中地，一般具有共同的文化主题。该保护方法强调对地区历史文化价值的综合认识，并利用遗产复兴经济，同时解决本地区所面临的景观趋同、社区认同感消失、经济衰退等问题，是从整体历史文化环境入手，追求遗产保护、区域振兴、居民休闲、文化旅游和教育共赢的多目标保护规划方法。

1.2.2　遗产区域的由来

美国是最早提出遗产区域概念的国家。20 世纪 70 年代末，美国历史保护领域开始认识到对文化景观进行保护的重要性。此外，美国协作保护思想、公园运动、绿色通道的发展也与遗产区域的产生和发展密切相关。

美国联邦户外游憩局于 1968 年开展了一项遗产研究项目，用于评价在康涅狄格河谷建立国家游憩区的可行性。该研究认识到"有必要通过公共和私人协同合作，建立一个突出的由历史、教育、文化遗产、高质量风景游憩资源构成的集合"（Eugster，2003）。该建议标志了一个以遗产价值为核心的多目标保护方法以及区域协作保护思想的萌芽。与此同时，传统的仅作为城市中一个孤立要素的城市公园的概念，逐渐被一种将整个城市或地区作为一个大型"文化公园"的概念所替代（Bray，2004）。这个时期许多地区都将文化公园当作社区复兴的重要手段。当时马萨诸塞州罗尼尔市决定基于现有的工业历史，通过与地方和州政府以及私人部门合作，将罗尼尔建成一种新类型的国家公园。1978 年国会批准建立了罗尼尔国家历史公园，这是遗产区域运动历史上的关键一步。

　　1976 年，国会指导国家公园局开展"国家城市游憩研究"，该报告建议通过地方、州、联邦政府的协作建立一个国家景观保护区系统，创立一个新的城市游憩基金计划，并建立一系列基于敏感地区的遗产区域。国会研究局的丘克·里特在他的《绿线公园：一种保护城市地区游憩景观的方法》一书中也提出了类似的保护思想。虽然当时国会未对这种方法进行立法，但许多私有组织开始将这种方法应用到具体的社区中。此外，从 18 世纪开始在美国迅速发展起来的绿色通道到 20 世纪 80 年代后渐成体系，其功能也从最开始仅关注游憩功能逐渐转向游憩、生态和历史文化保护等多功能的综合，历史文化价值在绿道规划中占有越来越重要的地位。正是在上述背景下，美国国家公园局在 1983 年对马萨诸塞和罗得岛的黑石河廊道进行研究后，认为不应将其纳入原有的国家公园系统，应该通过建立合作伙伴关系对该地区的遗产资源进行保护。这次建议直接促使了美国第一个国家遗产区域的诞生。

　　1984 年 8 月 24 日，美国议会指定了第一个国家遗产区域：伊利诺伊与密歇根运河国家遗产廊道（illinois and michigan canal national heritage corridor），并颁布了《伊利诺伊和密歇根运河国家遗产廊道法》（illinois and michigan canal national heritage corridor act of 1984）。此后，这种把自然和工业联系起来并维持它们的平衡，以及激发经济振兴的理念，引起了许多州和社区，特别是美国东部各州和社区的共鸣，国家遗产区域也由此逐步发展成为美国文化遗产保护体系的重要组成部分，其相关保护体制与方法也渐趋成熟。直到 2014 年 4 月，美国国会批准了 49 个遗产区域及类似项目。其中有的是以历史运河及其他历史交通廊道进行空间构架，如伊利诺伊和密歇根运河国家遗产廊道（illinois and michigan canal national heritage corridor）、黑石河流域国家遗产廊道（blackstone river valley national heritage corridor）等；有的是以美国历史工业发展为主题，如国家煤矿遗产区域（national coal hjeritage area）、汽车国家遗产区域（automobile national heritage area）等；有的则反映了美国近 300 年的战争历史，如谢兰多流域国家历史区域（shenandoah valley battlefields national historic district）、田纳西州南北战争遗产区域（tennessee civil war heritage area）等；还有的是用来保护美国非主流遗产文化，如凯恩河国家遗产区域（Cane river national heritage area）、嘎勒/吉奇文化遗产廊道（Gullah/Geechee cultural heritage corridor）等；此外还有以历史农业和海运类型为主题，如美国农业遗产伙伴（america's agricultural heritage partnership）等。据统计，截至 2004 年，美国国家遗产区域共覆盖了 5.4% 的大陆面积（计 168 835kg^2），16.2% 的人口，分布于美国 18 个州，包含 466 个国家历史地标。

1.2.3 遗产区域的特征

根据美国关于遗产区域的概念，我们可以把遗产区域作为"人与自然共同的作品"，是反映人与自然和谐关系的特殊文化景观，其保护和解说的焦点应该是正在或已经消失的当地生活方式和历史记忆。虽然有很多文化景观都是独特的和有价值的，但只有当地方社区联合起来重视历史资源并制定相应的保护规划时，它们才可以称得上是遗产区域。

遗产区域主要概括为以下特征：

①尺度变化大，构成要素复杂。遗产区域的尺度变化很大，从单个城市到不同的地区，可以跨越不同的行政或地理边界。实际中遗产区域通常包括不同面积大小的，由某种特殊的历史经济活动或地域文化联系在一起的地区，有时候甚至由一些分离的地区构成。遗产区域不仅包括承载历史记忆的文化资源，还包括自然要素以及民间传说、手工艺和游憩机会在内的不同类型的资源。同时，遗产区域还可以包括许多平常生活的要素，如废旧的作坊或工业区。

②价值的多元化、多层次。遗产区域既有作为整体的历史文化价值，又有区域内外自然要素的生态价值，多数遗产区域本身就建立在河流等自然资源的基础上，并以山体、湖泊、沼泽等自然生态系统为基底。此外，遗产区域即包括内部大量遗产点和非物质遗产所蕴涵的价值。

③以合作伙伴关系为基础的综合保护方法。遗产区域强调各级政府部门、商业机构、研究机构、非盈利组织以及个人等不同实体建立遗产保护的合作伙伴关系，以解决遗产区域内面临的复杂问题。遗产区域是在协调保护与发展关系的迫切需求下产生的，它通过引入保护与发展两类团体的参与机制，同时兼顾自然、历史、文化、教育以及经济效益等诸多因素。

1.2.4 其他国家遗产区域及类似项目

随着世界文化遗产保护整体性、区域化的发展趋势，遗产区域等一系列相关文化遗产保护方法在国际遗产保护界受到了越来越高的重视。

欧洲遗产区域保护从 20 世纪 70 年代逐渐发展起来，较早地产生了类似的保护方法（Mac ewen and Malcolm，1982）。它产生于人们对全球化和景观日益趋同情况下保护民族遗产和欧洲区域身份的渴望，是拥有类似于美国遗产区域最多的地区。欧洲的遗产区域项目包括由多个合作团体管理的不同大小和不同历史文化主题的地区。这些团体仅对遗产区域实施管理，并不对该地区的土地利用施加控制。欧洲每个国家都会有重要的遗产区域案例，在这些区域内，保护遗产和独特文化景观是地区再生和可持续发展的重要手段。此外，欧盟也通过一些发展项目，为那些由独特的文化和自然要素联系在一起的城市或地区（有时甚至是不同的国家）提供必要的支持，促进他们彼此之间进行区域联合并形成遗产区域。每个国家都会有重要的遗产区域案例，著名的有 Derwent 河谷世界遗产区域（英国）、Bergsladen 生态公园（瑞典）、IBA Emsher 公园（德国）、Llobregat 河流廊道（西班牙）等。

其他国家如加拿大、墨西哥以及亚洲的日本、韩国等都有与美国遗产区域概念相似的保护方法（Mitchell，1996；Adrian，2005；Frenchman，2004；Eugster，2003；Cullingworth，1992；Diamant，2000；Winston，2004）。

我国有关遗产区域和遗产廊道的研究与保护的实践工作还处于起步阶段，在我国还缺少遗产区域这种大型遗产保护模式的指导性理论和方法。因此，借鉴国外遗产区域保护的思想和做法，以辽宁省境内的前清建筑文化遗产资源为研究对象，探讨遗产区域整体保护的理论和方法，对于探索适合我国国情的大尺度文化遗产保护模式具有非常重要的意义。

1.3 研究目的与意义

1.3.1 研究目的

我国作为历史悠久的文明古国，拥有丰富的文化遗产资源。在众多的遗产资源中包括世界闻名的丝绸之路，还有京杭大运河、茶马古道、剑门蜀道等在地区文化历史上有着重要地位的大尺度文化遗产。对这种的大型文化遗产的整体保护已经成为我国文化遗产保护工作的一项重大课题。十七大报告中提到要"加强中华优秀文化传统教育，运用现代科技手段开发利用民族文化丰富资源。加强对各民族文化的挖掘和保护，重视文物和非物质文化遗产保护"。但目前我国的"文物保护单位—历史文化街区—历史文化名城（镇、村）"的文化遗产保护体系，与其他类型的遗产地一样，并未有效的形成整体保护体系。辽宁省前清建筑文化遗产的基质和母体，或者作为清代前期的历史脉络和文化联系，具有重要的历史、文化、科学和美学信息及价值。而某些前清文化系列遗产的损坏甚至消失，使得对前清建筑文化遗产区域的整体体系的连续性和完整性的保护受到阻碍，只能退为对散落的遗产点的保护。这种现象的产生，使得有些学者发出"走出单体保护之围"和改变"孤岛式保护"的呼声。

本研究就是要对辽宁省境内的前清建筑文化遗产进行系统整合，首先从区域整体上对各遗产点进行梳理、归类，把相对个体的遗产点整合起来，去粗取精，强调以"前清文化"为主题，构建统一的前清建筑文化遗产区域，然后对其进行整体保护和研究。辽宁省境内这些有代表性的前清建筑文化遗产资源体现了当时满族社会、政治、经济、文化发展的水平，是清朝建立之前文明发展的见证，承载着丰富的历史信息和文化内涵，具备共同的"前清"文化特征。这些前清建筑文化遗产资源就像一条源远流长的历史线索，绵延不断地传承着中华少数民族——满族文明的文脉。因此，我国的专家学者有必要将这些前清建筑文化遗产进行整体保护和研究，以"前清"文化为主题，从个体的"点状"保护走向区域性的"面状"的整体保护和研究，使这些留给我们的独特而灿烂的前清文化财富得到充分的发掘和体现。

1.3.2　研究意义

遗产区域是美国在保护本国历史文化时采用的一种范围较大的保护措施。从美国国家遗产区域的研究与保护可以看到，以遗产区域这种方式对大尺度建筑文化遗产区域进行研究和保护是非常科学的。我国在文化遗产保护体系中还缺少遗产区域这个层次上的架构，这一现状已经严重影响了我国很多重要遗产区域的保护。这就需要科研工作者认识到遗产区域的重要性，从一个更高的层次，从遗产间的相互关联上，透视遗产的价值，从而改变过去那种只是孤立地评价单个建筑文化遗产价值的认识方式，使我们对区域保护遗产的价值认识更加深入，通过建立我国的遗产区域来保护大型文化遗产。本书把辽宁省前清建筑文化遗产资源作为遗产区域的模式进行研究和整体保护，为今后开展类似相关研究提供一些参考。辽宁省境内大量的前清建筑文化遗产，以遗产区域模式进行整体保护是非常必要的。这样可以整体保护文化遗产的历史背景和文化脉络及其协调关系，完整保护文化遗产的价值及其载体，并可以从大尺度空间网络角度对遗产地整合保护并进行研究分析，不仅为文化遗产保护领域提供了新的视角，有利于中国遗产保护体系的完善和拓展，同时对振兴东北地区城乡经济和生态环境保护，都具有典型和突出的意义。

1.4 研究内容和基本思路

1.4.1 研究内容

本书以辽宁省境内的前清建筑文化遗产资源为研究对象，借鉴遗产保护和其他领域的相关理论，对辽宁前清建筑文化遗产区域的构建和整体保护模式进行研究，是"辽宁前清建筑文化遗产区域整体保护模式研究"（国家自然科学基金项目，51208309）的研究成果。具体来说，本书的研究内容有以下五个方面：

（1）提出辽宁前清建筑文化遗产区域的概念

首先从地域上、时间上和主题上界定辽宁前清建筑文化遗产区域；然后确定辽宁前清建筑文化遗产区域的主题——"前清文化"，主题包括前清建城、前清战争、前清建陵和前清宗教四个历史过程；最后分析辽宁前清建筑文化遗产区域的价值，包括历史价值、科学价值和艺术价值三个方面。

（2）构建辽宁前清建筑文化遗产区域

运用层次分析法，根据层次分析法的步骤确定辽宁前清建筑文化遗产区域的评价指标，加入权重建立数学模型，构造判断矩阵，计算后具体确定辽宁前清建筑文化遗产区域涉及的城市或地区和具体建筑文化遗产，最后确定辽宁前清建筑文化遗产区域构建方案，绘制辽宁前清建筑文化遗产区域地图。

（3）分析辽宁前清建筑文化遗产区域

通过实地调研、测绘拍照，了解前清建筑文化遗产资源的现状情况，整理出辽宁省前清建筑文化遗产调查表。调查表应包括建筑文化遗产的全面文字描述，以及其地理位置、修建年代、周边环境、建筑规模、建筑材料、照片图像、现状情况等。通过史料分析，整理辽宁前清建筑文化遗产资源清单并进行分析。分析辽宁前清建筑文化遗产区域的构成，总结辽宁前清建筑文化遗产区域的现存问题。

（4）确定辽宁前清建筑文化遗产区域的整体保护模式

首先将辽宁前清建筑文化遗产区域分为"区域—城市—遗产群—遗产点—文物建筑"五个保护层次，其次确定辽宁前清建筑文化遗产区域的四个系统即交通系统、展示与标识系统、解说系统和支持系统，借鉴拓扑学的概念和特性，最后确定辽宁前清建筑文化遗产区域 FLFS（five levels，four systems）五个保护层次、四个保护系统的立体交叉式整体保护模式。

（5）建立交通系统、展示与标识系统、解说系统和支持系统的保护方案

在"区域—城市—遗产群—遗产点—文物建筑"五个保护层次分别建立具体的交通系统、展示与标识系统、解说系统和支持系统四个系统的保护方案，以

完成对辽宁前清建筑文化遗产区域的整体保护。

（6）选取典型建筑文化遗产点进行保护规划研究

对辽宁前清建筑文化遗产区域中的 25 个建筑文化遗产点进行研究，选取有代表性的 1 个典型建筑文化遗产（东京陵），进行遗产点层次上的案例式保护规划方案设计。

（7）选取遗产点的文物建筑进行保护修缮研究

对东京陵的文物建筑进行研究，在文物建筑层次上进行案例式保护修缮方案设计。

1.4.2　基本思路

对于大尺度的遗产区域来说，其遗产构成与价值体系更为复杂，这决定了其研究也更加复杂。具体来说，本书采取"提出辽宁前清建筑文化遗产区域的概念—构建辽宁前清建筑文化遗产区域—分析辽宁前清建筑文化遗产区域—确定辽宁前清建筑文化遗产区域的整体保护模式—建立交通系统、展示与标识系统、解说系统和支持系统的保护方案—制定典型建筑文化遗产点的保护规划方案—制定典型遗产点文物建筑的保护修缮方案"的基本思路，如图 1.1 所示。

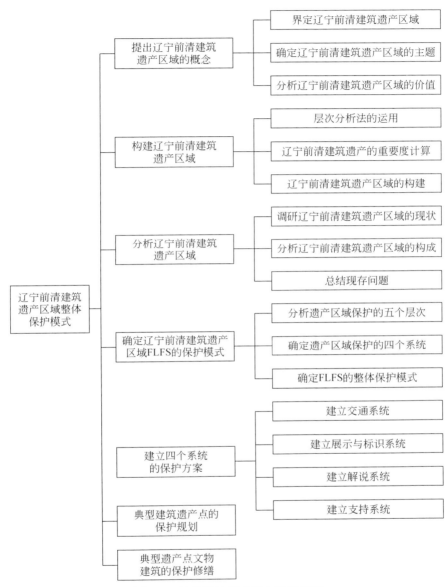

图 1.1 整体保护模式基本思路框图

第 2 章　辽宁前清建筑文化遗产区域概念

2.1　辽宁前清建筑文化遗产区域概念的提出

2.1.1　辽宁前清建筑文化遗产区域的界定

建立辽宁前清建筑文化遗产区域的概念，可以从地域、时间、主题特色三个方面进行界定。

①从地域上界定：辽宁省境内。

②从时间上界定：前清，即以公元1616年女真首领努尔哈赤创建大金开始，经公元1636年，皇太极改大金为大清，至公元1644年摄政王多尔衮率清军开进山海关，定鼎北京，这前后二十八年清朝建立的前期。

③从主题上界定：能反映清军入关前清朝建立前期具有历史意义的建筑文化遗产或能区别于其他朝代具有满族民族特色的"前清文化"建筑文化遗产。

2.1.2　辽宁前清建筑文化遗产区域的概念

辽宁前清建筑文化遗产区域应该是一个时间链和空间链，其概念是"前清时期，辽宁省境内的以'前清文化'为主题，记载满族从崛起、发展到进入山海关，满清文化的发祥、成长和融合的历史过程的建筑文化遗产区域"。

辽宁前清建筑文化遗产区域的提出，要求对满族文化发展的理解在空间和时间上应具有真实完整性，对其实施的保护也应具有整体性。目前针对辽宁前清建筑文化遗产区域的保护还仅仅是局部性和区段性的。有些遗产节点是已经列入保护单位还需要完善保护的，还有些是还没有保护级别，亟待进行保护的。地方政府出于旅游开发的目的，对个别景点进行了景观整理，这样的保护，对区域遗产保护来说显然是远远不够的。本研究就是要对辽宁省境内的前清建筑文化遗产进行系统整合，强调以"前清文化"为主题，构建统一的建筑文化遗产区域。目前，辽宁省境内具有"前清文化"特征的各节点孤立存在，需要从区域整体上对各节点进行梳理、归类，构建辽宁前清建筑文化遗产区域，把相对个体的建筑文化遗产点整合起来，去粗取精，形成一个保护区域，然后对其进行整体保护模式的研究。

2.2 辽宁前清建筑文化遗产区域的主题

遗产区域一般都是大尺度的区域性文化遗产的集合，它们通常具备共同的主题，并围绕这个主题把周边的文化遗产纳入区域保护中。这就需要在全面掌握区域历史背景的基础上，分析区域内资源的基本特征，提炼出与区域关系最为密切的主题。

对于辽宁前清建筑文化遗产区域来说，这里发生过很多重要的历史事件，经过对清军入关前历史沿革的深入研究，辽宁省境内最为明显的特征是记录了满族从崛起、发展到进入山海关的重要过程。由此提炼出区域建筑文化遗产的共同主题——"前清文化"，主要包括前清建城、前清战争、前清建陵和前清宗教四个方面的历史过程。

2.2.1 前清建城

1616 年努尔哈赤在赫图阿拉自立为汗，国号金（史称后金），建元天命，但出于政治、军事和经济等目的，努尔哈赤的都城多次搬迁，步步西移，逐渐向明廷统治的北京城逼近，最终将后金都城确定在沈阳。前清古城的建设经历了一个规模上逐步扩展、形制上逐步完善、技术上逐步成熟的演进过程。满族在前清历史时期共修建了五座都城：赫图阿拉城、界藩城、萨尔浒城、东京城和盛京城。如表 2.1 所示。

表 2.1 前清时期修建的都城

名称	简要说明	今所在地	现状
赫图阿拉城	始建于 1602 年，1605 年建成。1616 年，努尔哈赤在此建立后金开国称汗	抚顺市新宾满族自治县永陵镇	现在内城的尊号台、民事衙门、额附府、北门和内外城遗址尚存，还有三个庙宇和满汉文碑刻及铜钟等。城中的罕王井，至今当地群众还在使用
界藩城	1619 年，为攻打萨尔浒，努尔哈赤派人于界藩山上筑此城	抚顺市东浑河南岸	现如今已不复存在，仅保留断壁残垣
萨尔浒城	1620 年，萨尔浒大战胜利后，为向辽沈逼近，建此城	抚顺市东浑河南岸	山城已无存，城基址犹在

续表

名称	简要说明	今所在地	现状
东京城	始建于努尔哈赤后金天命六年（1621年）。进入辽沈地区，努尔哈赤在辽阳建新城，定为国都，命名东京	辽阳市太子河区东京陵乡新城村	城郭由于年久失修，多已坍毁。八门之中，仅南面的正门（天祐门）尚存。八角殿仍有遗址可寻。城中发掘出来的碑石、匾及宫殿遗物，收藏在辽阳博物馆
盛京城	1625年，努尔哈赤迁都沈阳，建盛京城。1626年，皇太极在此建立清朝。是入关之前的都城，入关之后作为陪都	辽宁省沈阳市老城区	仍保留老城区的大体形式，尚存少量城墙遗址。抚近门和怀远门已重建。老城西北角城墙遗址上重修了角楼

* 资料来源：作者自制。

1603年，努尔哈赤将首府迁至赫图阿拉。赫图阿拉为满语，汉译为横岗，明时称"蛮子城"，后清朝称兴京，位于今新宾县永陵镇老城村，城东西长510米，南北宽456米，外城为圆角方城，内城墙顶宽约4米，底宽10米，东、南、北三面设门，西为断崖。据程开祜《筹辽硕画》记载：城高七尺，杂筑土石，或用木植横筑之。城上环置射箭穴窦，状若女墙，门皆用木板。内城居其亲戚，外城居其精悍卒伍。内外现居人家二万余户。北门外则铁匠居之，专制铠甲。南门外弓人、箭人居之，专造孤失。东门外则有仓敖一区。赫图阿拉城位于苏克素浒河与加哈河之间，具有重要的战略地位，其依山傍水，进可攻退可守，具有优越的自然地理条件，使努尔哈赤占据了身居辽东以临天下的有利形势。

1618年9月，努尔哈赤指出："今与大明为敌，我居处与敌相远，其东面军士途路更遥。行兵之时，马匹疲苦。可将马牧于西近明城，于界藩处筑城。"他遂于界藩确定了城址和房址，并开始动工造城。渐值冬季寒冷，工程暂停，于第二年继续修筑。是年春，在紧邻界藩的萨尔浒爆发了历史上有名的萨尔浒大战。努尔哈赤以其杰出的军事指挥才能，也借助了界藩天险的有利地势，大败明军，取得了关键性的胜利。这使得努尔哈赤更坚定了在此筑城、修造行宫的决心。六月，界藩城建造工程告竣，皇帝行宫及属臣军士的房屋亦随后建起，努尔哈赤不顾一些贝勒大臣的反对，率队进驻界藩城。很快，界藩城的优越作用即得到了体现。努尔哈赤利用这一有利的地形条件，连续征讨获捷，实力大增。但努尔哈赤在这里仅住了一年零四个月。

1620年11月，努尔哈赤看中萨尔浒险峻的地形和有利的地理位置，又在萨

* 全书未标出处的图、表，均为作者根据调研结果自绘、自制。

尔浒筑城造屋，再迁其都，搬入萨尔浒。萨尔浒城正处在建州女真的贡道上，由此向东经哈塘、古勒、扎克关可直抵建州卫。向西渡浑河，经营盘、关岭可直达抚顺城。努尔哈赤不顾营建工作条件和连续作战的异常艰苦，于天命五年（1620年）三月始建，赶在次年二月二十一日不等建设工程全部完工就迫不及待地从界藩城迁到萨尔浒城。

萨尔浒大战之后，在努尔哈赤的统帅下，八旗大军会师西进，连克开原、铁岭、沈阳、辽阳等70多个城堡，使得努尔哈赤建都于辽阳的愿望得以实现。辽阳是辽东的首府，又是历史古城，城池地势险要，为历代兵家必争之地，因此，努尔哈赤夺得了辽阳重镇后十分高兴，决定迁都，并赢得了众贝勒、大臣的一致赞同。天启元年（1621年）三月二十四日，努尔哈赤命移辽沈汉宫、汉民于北城，南城由努尔哈赤、诸贝勒、大臣、满洲八旗驻防的军户居住，翌年（1622年）三月，努尔哈赤在辽阳城东太子河畔，兴建辽阳京城宫殿，城池，衙署，称为东京。据《辽阳县志》记载：清初都城在太子河东，距城五里余，天命六年筑城，同时建宫殿，"城周六里零十步，高三丈五尺，东西长二百八十丈，南北长二百六十二丈五尺"。据实际测量，辽阳东京城在今辽阳市以东8里的东京陵乡新城村。城市沿着地势修建，呈菱形。东京城的构筑法与赫图阿拉等处不同，是在城墙内填夯土，底为石砌，夯土中央夹以碎石，城表砌青砖，这种构筑方法已摆脱赫图阿拉等城的较为原始的构筑法，转为碎石筑城，是清入关前在都城城郭建筑史上的一个进步。天命八年（1623年）辽阳东京城竣工，翌年，努尔哈赤将景、显二祖及爱妃叶赫那拉氏的遗骨移葬于东京城北4里许的阳鲁山，这表明后金似乎要将辽阳东京城作为永久性的都城。然而，天命十年（1625年）三月，努尔哈赤突然召集诸贝勒、大臣会议，提出了迁都沈阳的主张。

迁都沈阳，这大大出乎诸贝勒、大臣的意料之外，一场激烈的争议不可避免，诸贝勒、大臣提出相反的意见，努尔哈赤坚持己见，强调指出：沈阳形胜之地，西征明，由都尔鼻渡辽河，路直且近。北征蒙古，二三日可至。南征朝鲜，可由清河路以进。且于浑河，苏克素浒河之上流伐木，顺流下，以之治宫室，为薪，不可胜用也。时而出猎，山近兽多，河中水族亦可捕而取之。朕筹此熟矣，汝等宁不计及耶？努尔哈赤分析了沈阳在地理、交通、政治、军事、经济上的重要地位后，认为是"形胜之地"便于控制整个东北地区，所以他决意迁都沈阳。天命十年（1625年）三月初三，努尔哈赤自辽阳迁都沈阳。《满文老档》记载：三月初三日，汗迁沈阳，辰时出东京，谒父祖之墓祭扫清明，于两殿杀五牛，备纸钱而祭之。祭扫完毕前往沈阳。后金将沈阳定为都城后，一项很大的工程就是修建皇宫。努尔哈赤迁都之初，对于沈阳的建设不是很多，城中最重要的建筑是天命汗宫、大政殿和十王亭。天命汗宫位于城北门内的西南侧，并不在今天的故宫之内，现已不存在。汗宫坐北朝南，两进院结构，使用了代表皇权的黄琉璃瓦。整体建筑虽然简朴，却是沈阳城内第一座皇宫，意义非凡。同时，努尔哈赤还修建了大政殿和十王亭，即为今日故宫东路建筑，与当时的天命汗宫南北呼应。史料记载，努尔哈赤"造十王亭于宫右侧，凡有军国重事，集众宗藩议于亭中而量加采择"，就是说十王亭是努尔哈赤临朝听政和王公大臣办公的地方。

皇太极即位后，于天聪五年（1631年），后金将明朝所筑盛京城进行扩建，"因旧城增拓，其制内外砖石，高三丈五尺，厚一丈八尺，女墙七尺五寸，周围九里三百三十二步"。城墙比原来增高一丈，厚度增至一丈八尺，内外表面都用砖石砌筑，并对城周加以扩大。"垛口六百五十一，明楼八，角楼四，改旧门为八，每面门各二"。八座城门，仍沿用努尔哈赤为辽阳确定的旧名称。城外的护城河宽十四丈五尺，周围长十里二百零四步。新城不仅壮观，更加注重军事功能。清王朝为了保障陪都盛京在经济和政治上的特权利益，修筑了一道"边墙"——清柳条边。是一条用柳条篱笆修筑的封禁界线。又名盛京边墙、柳墙、柳城、条子边。清柳条边始建于清崇德三年（1638年），至康熙二十年（1681年）陆续完成。后金还对沈阳城内外进行了基础设施建设，其中最主要的是御路的修建。之前，"从沈阳至辽河百余里间，地皆葑泥洼下，不受车马"，于是，"我太祖初定沈阳，即饬修叠道百二十里"，新的大道"广可三丈……平坦如砥，师旅出入便之"。此外，崇德二年（1637年）建永济桥，即蒲河桥。崇德六年（1641年）在永利闸的原址修建大石桥，即永安桥。交通的改善，扩大和方便了沈阳与外界的交流。皇太极时期对皇宫也进行了扩建，主要建筑有崇政殿、凤凰楼和台上五宫，是今日故宫的中、西路主体建筑。崇政殿是皇太极日常朝会、处理政务的地方。崇政殿庄严富丽、金碧辉煌，俗称"金銮殿"。凤凰楼为三层，顶铺黄琉璃瓦，镶绿剪边。此楼为沈阳城最高建筑，是"盛京八景"之一"凤楼晓日"的所在地，是皇太极举行宴会或盛大仪式时的一个重要活动场所。台上五宫是皇太极的后宫，包括清宁宫、关雎宫、麟趾宫、衍庆宫、永福宫，统称台上五宫。

据史料记载，后金天聪七年（1633年），皇太极认为"疆土日辟，必资保障"，因此"沿边筑城，以便戍防"。当时修筑了四座城址，《东华录》："天聪七年三月，遣贝勒济尔哈朗筑岫岩城，贝勒阿巴泰筑揽盘城，贝勒阿济格筑通远堡城，贝勒杜度筑碱场城，分兵驻守。"又，"三月丁酉，筑碱场、揽盘、通远堡、岫岩四城，分兵驻守，以羊犒筑城兵役。"《开国方略》："天聪七年三月丁酉，犒筑城兵役。贝勒济尔哈朗监筑岫岩城，贝勒阿巴泰监筑兰盘城，贝勒阿济格监筑通远堡城，贝勒杜度监筑碱场城。"据上可知，该城由贝勒杜度负责监筑，同时修筑的城堡还有岫岩、揽盘、通远堡。目前只有"碱场城"遗址，当地人又称"九龙山城"、"山城头土城"。

综合以上努尔哈赤自起兵到建立后金政权，其都城建立，迁都，再建再迁从小到大，包括皇太极扩建城市和皇宫的过程，逐步形成了一整套满汉结合的宫廷文化，直到迁都北京，前清建城的历史为中华民族的发展史留下了不可磨灭的辉煌一页。

2.2.2　前清战争

1583 年（明神宗万历十一年）努尔哈赤的起兵与创建后金政权是明清战争的前提。1618 年（明万历四十八年）2 月，努尔哈赤提出，他与大明国非打不可，原因"七大恨"，其他小的争端不胜枚举，所以要兴师动众，干戈相见。同年 4 月 13 日，努尔哈赤作为后金国汗，首次率领他的二万步骑出征大明，从此揭开了明清战争的序幕。入关前的明清战争从 1618 年攻打抚顺城开始，到顺治元年（1644 年），清军在山海关之战胜利后直趋北京，攻占了紫禁城并夺取政权为止。战争共历时 26 年，其间大战、小战交替发生，如表 2.2 所示。其中有几个著名的战役，如萨尔浒之战、松锦之战的两次大决战、辽沈之战、扬州之战等规模大小不同的战斗。山海关"一片石"之战是更为复杂和极为关键的一战，是农民军、吴三桂和清朝几种势力的角逐。顺治元年（1644 年），清军在山海关之战胜利后，直趋北京，攻占了紫禁城，夺取了政权。

表 2.2　入关前明清主要战役一览表

时间			战役名称	主要大事记
公元	明纪年	清(后金)纪年		
1618 年	万历四十六年	天命三年	抚清之役	四月，后金努尔哈赤誓师伐明，揭开明清战争的序幕。陷抚顺，明李永芳降，掠人畜三十万。七月，陷清河等地
1619 年	万历四十七年	天命四年	萨尔浒决战	三月，明兵约十万，分进合击赫图阿拉，后金集中优势兵力，首战萨尔浒，再战尚间崖、阿布达里冈，大败明三路兵马，大获全胜
1619 年	万历四十七年	天命四年	开原、铁岭攻城战	六月，努尔哈赤领兵攻开原，明总兵马林及守城将士全部战死。七月，陷铁岭城，明守城喻成名、史凤鸣等战死
1621 年	天启元年	天命六年	辽沈大战	三月，后金向沈阳发起进攻，明兵丧生七万人，总兵贺世贤、尤世功等战死。之后激战浑河南岸，明万余将士全部被歼。五天后，攻占辽阳，歼明兵数万，经略袁应泰自焚

续表

时间			战役名称	主要大事记
公元	明纪年	清(后金)纪年		
1622 年	天启二年	天命七年	广宁之役	后金兵五万，会攻西平堡，全歼明守军三千，在沙岭歼明援军三万，广宁巡抚王化贞弃广宁逃跑，孙得功献城降。环广宁数十堡皆降。后金克义州
1622 年	天启二年	天命七年	首次旅顺之役	四月，后金首次攻旅顺，为明将张盘挫败
1625 年	天启五年	天命十年	二次旅顺之役	后金三贝勒莽古尔泰率军再次攻旅顺，城陷，守将张盘、朱国昌及数千明兵皆力战而死，后金弃城不守
1626 年	天启六年	天命十一年	宁远鏖战	努尔哈赤统兵六万攻宁远，明袁崇焕率所部二万坚守孤城，凭坚城用大炮击退清军，再攻觉华岛，明军七千战死。宁远难破，后金撤军
1627 年	天启七年五月	天聪元年	宁锦攻坚战	皇太极率军六万攻锦州，激战四十天不克，转攻宁远，被击退，再回师锦州，死伤颇重，被迫撤军。此役大战三次，小战二十五次，明军获胜，称"宁锦大捷"
1629～1630 年	崇祯二年十月至三年四月	天聪三年至四年	北京奔袭战	皇太极亲统大军约五万进关突袭北京，纵略良乡、固安等，连下迁安、滦州、永平及遵化四城，大败明军，大将满桂战死。行反间计，袁崇焕冤死
1631 年	崇祯四年七月至十一月	天聪五年	大凌河围城战	皇太极率数万大军攻大凌河，变以往攻坚战术为围困，断饷道，绝援兵，并首次使用自制大炮用于围城。明祖大寿率军民三万余人坚守，至十一月初，被迫投降，后以智取锦州计而脱身不归
1633 年	崇祯六年七月	天聪七年	三次旅顺之役	后金将岳托、德格类率马步兵万余取旅顺。激战数日，城陷，明总兵黄龙自刎，被俘明军五千三百余人
1634 年	崇祯七年六月至九月	天聪八年	入口之战	皇太极亲率九万余人，绕道内蒙古，从长城北部诸口入边，突袭宣、大地区，史称"入口"之战

时间			战役名称	主要大事记
公元	明纪年	清(后金)纪年		
1636 年	崇祯九年五月	是年建国号清,建元崇德	京畿袭扰战	清以阿济格为将,率师八万余,从独石口入边,袭击延庆、昌平、良乡、安州、雄县、密云、平谷等地,"遍蹂畿内",掠人畜十八万东归
1637 年	崇祯十年二月至四月	崇德二年	皮岛海战	清将硕托、孔有德、耿仲明、尚可喜等率军数千,携大炮十六门、战船五十艘攻皮岛。以计偷袭成功,明主帅沈世魁被俘处死,岛上万余将士战死
1638~1639 年	崇祯十一年十月至十二年四月	崇德三年至四年	冀鲁袭扰战	清以多尔衮、豪格、阿巴泰、岳托等为将,分二路进关,自北而南,深入河北南部,转入山东,陷济南一府、三州、五十五县,掠人畜四十六万
1640 年	崇祯十三年四月	崇德五年	锦州围城战	皇太极为打破明宁锦防线,派济尔哈朗、多铎率军包围锦州,围而不攻,三个月为一期,轮换围城,直至明军投降
1641~1642 年	崇祯十四年八月至十五年二月	崇德六年至七年	松山决战	明以洪承畴为帅,调兵马十三万集结松山,解锦州之围,皇太极倾国中之兵赶来会战,掘壕断粮道,包围明援军。双方大战数日,明军覆没。次年二月,明将夏承德为内应,破松山,洪承畴被俘
1642 年	崇祯十五年三月	崇德七年	锦州围城战	松山破,锦州无援粮尽,守将祖大寿率余众七千余献城降。陷塔山,全歼明军七千;杏山明军降
1642~1643 年	崇祯十五年十月至十六年七月	崇德七年至八年	山东骚扰战	清以阿巴泰等为将,率十余万兵入关,经北京,直入山东,下武城、临清,抵兖州,明鲁王自杀,乐陵王等及其宗室、侍役等皆被处死。至莒州、沂州等休兵,次年出关东归,掠人口三十六万九千、牲畜三十二万余头

续表

时间			战役名称	主要大事记
公元	明纪年	清(后金)纪年		
1643 年	崇祯十六年十月	崇德八年	宁远攻掠战	清军在济尔哈朗等率领下，攻略宁远，克前屯卫、中前所、中后所，斩明将吴良弼、总兵李赋明等
1644 年	崇祯十七年四月	顺治元年	山海关之战	多尔衮率清军征明，明山海关总兵吴三桂降清，清军入关，先战于一片石，再战于山海关西石河，击败李自成农民军，长驱进北京

资料来源：孙文良，李治亭. 明清战争史略. 南京：江苏教育出版社，2005

2.2.3　前清建陵

满族在前清历史时期共修建过四座陵墓：清永陵、东京陵、清福陵和清昭陵。如表 2.3 所示。

表 2.3　前清时期修建的陵墓

名称	简要说明	地址	现状
清永陵	始建于 1598 年，初称兴京陵，1659 年改称永陵，占地 15000 平方米左右，是努尔哈赤六世祖猛哥帖木儿、曾祖福满、祖父觉昌安、父亲塔克世及伯父礼敦、叔父塔察篇古以及他们的福晋的陵墓	抚顺市新宾满族自治县永陵镇内	历史风貌保存基本完整
东京陵	始建于 1624 年（后金天命九年），占地 3500 平方米左右。努尔哈赤原想将此地作为祖陵，后顺治把祖陵迁回永陵。东京陵如今仅存庄亲王舒尔哈齐、大太子褚英及贝勒穆尔哈齐三座寝园	辽阳市太子河区东京陵乡东京陵村	整体保存状况较好
清福陵	天聪三年（1629 年）方选定陵址，始建陵寝，顺治八年（1651 年）主体建成。后于康熙、乾隆、嘉庆年间又有增建、改建和多次维修成现在的规模。占地约 500 余公顷。是清太祖努尔哈赤和孝慈皇后叶赫那拉氏的"万年吉地"，崇德元年（1636 年）封陵号为福陵	沈阳市东陵区东郊的东陵公园内	历史风貌保存基本完整
清昭陵	始建于清崇德八年（1643 年），至嘉庆六年（1801 年）全部建成。占地 332 万平方米。是清太宗爱新觉罗·皇太极及其孝端文皇后博尔济吉特氏的陵墓	沈阳市皇姑区泰山路北陵公园内	历史风貌保存基本完整

　　清永陵始建于 1598 年，清天聪八年（1634 年）称兴京陵，顺治十六年（1659 年）尊为永陵。17 世纪初，努尔哈赤起兵反明，建立女真族大金国，史称后金，开始与明朝分庭抗礼。努尔哈赤选择比邻国都赫图阿拉的山冈为其父祖垄地，此即为满洲皇室最早的祖陵。清永陵是努尔哈赤六世远祖猛特木（追封肇祖原皇帝）及其嫡福晋（追封肇祖原皇后）、曾祖福满（追封兴祖直皇帝）及其嫡福晋（追封兴祖直皇后）、祖父觉昌安（追封景祖翼皇帝）及其嫡福晋（追封景祖翼皇后）、父亲塔克世（追封显祖宣皇帝）母亲喜塔拉氏厄默气（追封显祖宣皇后）以及伯父礼敦、五叔塔察篇古等人的墓地陵园。永陵从 1598 年动工到 1677 年，经八十年建成。原来只埋有努尔哈赤的六世祖孟特穆的衣冠和其曾祖福满的遗体。顺治年间，封葬地为兴京陵，陵山为启运山。

　　后金天命六年（1621 年），努尔哈赤大败明朝军队，占领东北重镇辽阳，并在辽阳城外筑新城称东京城，以此为新都城，天命九年，选定附近的阳鲁山建祖茔，将其父祖妻儿及兄弟子侄等人墓迁葬于此，即为东京陵。东京陵位于辽宁省辽阳市太子河区东京陵乡东京陵村，在辽阳老城东太子河右岸的阳鲁山上。努尔哈赤命族弟铎弼等从祖茔赫图阿拉（今新宾）将景祖（祖父觉昌安）、显祖（父塔克世）、孝慈皇后及继妃富察氏、皇伯、皇叔、皇弟、皇子等诸墓迁葬于此。当灵榇将至时，清太祖努尔哈尔赤率诸贝勒、大臣，出城 20 里外迎至今辽阳市灯塔县的皇华亭，并命都督汪善守墓。28 年后，顺治八年（1651 年），又将景祖、显祖和皇伯礼敦、皇叔塔察篇古等墓，迁回新宾永陵，孝慈皇后及富察氏改葬沈阳福陵。封阳鲁山为吉庆山。

　　清福陵位于现在的沈阳市东陵区。后倚天柱山，前临浑河，整个占地面积为 19.48 万平方米。清福陵是清太祖努尔哈赤及其孝慈高皇后叶赫纳喇氏的陵墓。与沈阳市的昭陵、新宾县永陵合称"关外三陵"、"盛京三陵"。始建于公元 1629 年（天聪三年），到公元 1651 年基本建成。后经清朝顺治、康熙、乾隆年间的多次修建，形成了规模宏大、设施完备的古代帝王陵墓建筑群。距今已有三百六十余年历史。崇德元年（1636 年）大清建国，定陵号为"福陵"。

　　清昭陵是清朝第二代开国君主太宗皇太极以及孝端文皇后博尔济吉特氏的陵墓，占地 332 万平方米。陵区南北长 2.55 公里，东西宽 1.3 公里，是清初"关外三陵"中规模最大、气势最宏伟的一座。皇太极生前未及修建自己的陵墓，昭陵始建于其驾崩后的清崇德八年（1643 年）九月，至顺治八年（1651 年）初成，后历经多次改建和增修而呈现现在的规模。陵寝建筑的平面布局遵循"前朝后寝"的陵寝原则自南向北由前、中、后三个部分组成，其主体建筑都建在中轴线上，两侧对称排列，系仿自明朝皇陵而又具有满族陵寝的特点，成为盛京三陵的代表作。

2.2.4 前清宗教

满族以前只有一种宗教信仰——萨满教，但是自从定都沈阳后，他们不但把本民族的古老宗教萨满教带入了沈阳，并逐渐接受佛教、道教等宗教，这使得沈阳城的宗教文化事业得到了很好的发展。太庙是皇帝祭祀祖先的地方，后金在沈阳定都后，仿制中原王朝，建立太庙，祭祀祖先。天聪十年，皇太极受"宽温仁圣皇帝"尊号，改国号"清"，改元"崇德"，大祀天地，并亲率诸臣、贝勒至太庙安奉神位并行祭礼。大殿供奉努尔哈赤以上四代祖先，前殿供奉太祖努尔哈赤和太后叶赫那拉氏神位等。据《钦定大清会典事例》载："崇德元年始定制，四梦时享，每月荐新，每岁圣诞及清明、孟秋、望日、岁暮、忌辰，均于太庙致祭。"金、元及清起，北方佛教尤盛。"奉省佛教可分二支，来自中土者曰'和尚'，来自西藏者曰'喇嘛'。"当时城内的庙宇有汉传佛教、藏传佛教还有部分的道教，慈恩寺便是城内最大的汉传佛教，但是后金将喇嘛教视为国教，所以汉传佛教在很大程度上是在民间发展的。为了拉拢蒙古等少数民族，扩大自己的统治力量，崇德元年，在城内修建了东北地区最大的喇嘛寺庙——实胜寺，这是当时规模最大、最为壮观的喇嘛教寺院，俗呼黄寺，亦曰"皇寺"（皇家的寺庙），全称为"莲花净土实胜寺"。至崇德三年（1638 年）八月，工程完成，皇太极亲率王公大臣入寺参拜。崇德八年（1643 年），皇太极又在盛京城外四面开始修建塔寺，即东塔永光寺、西塔延寿寺、南塔广慈寺、北塔法轮寺。这四塔均为藏式喇嘛塔，是用以"国无祲灾"、"五福斯来"。四塔寺上都冠以"护国"二字，表示四塔威震四方、护国安民，这也体现了满人信仰的杂糅性和逐渐接受了汉族文化。受汉族文化的影响，皇太极还在沈阳城修建了文庙等建筑如表 2.4 所示。后金兴建的这些寺庙记载了前清满人的历史，也为辽宁留下了许多宝贵的文物建筑。

表 2.4　太宗时期修建的寺庙

名称	时间	地点	备注
慈恩寺	天聪二年	德盛门外	城内最大汉传佛教寺庙
文庙	天聪三年	德盛门东	孔庙、夫子庙
太庙	崇德元年	初建在抚近门外，乾隆四十三年移建于大清门	大殿五个间，后房六间，前殿三间，大门三间，东西角门二间，周围广三十五丈袤四十丈
天坛	崇德元年	在德盛门关外	
实胜寺	崇德三年	外攘门关外二里	黄教喇嘛寺（黄寺）藏太祖太宗甲胄

名称	时间	地点	备注
大法寺	崇德三年	福胜关北边墙	八王寺
景佑宫	崇德六年	德盛门外	崇德敕建，康熙赐名
东塔永光寺	崇德八年	抚近门外五里	藏式喇嘛塔
西塔延寿寺	崇德八年	怀远门外五里	藏式喇嘛塔
南塔广慈寺	崇德八年	德盛门外五里	藏式喇嘛塔
北塔法轮寺	崇德八年	地载门外三里	藏式喇嘛塔
关帝庙	崇德八年	地载门城西北五里教场	

资料来源：王树楠等纂. 奉天通志. 卷九十二，建置六，祠庙，民国二十三年，第 16~19 页。

满族作为中国的少数民族，自建清以来逐步形成了独具特色的"清"文化，并有一套完整的民族文化体系，根基就在满族崛起和清文化的诞生地——辽沈地区。大量的史实证明了辽宁省境内的前清建筑文化遗产作为满族早期文化核心区的事实，如今正被越来越多的世人所认可。

2.3　辽宁前清建筑文化遗产区域的价值

我国《文物保护法》的第一章第二条规定："具有历史、艺术、科学价值的文物，受国家保护。"该条文确定了对于文物遗产类的价值评价应该着眼于历史、艺术和科学三个方面。辽宁前清建筑文化遗产区域作为早期满清历史与文化的重要组成部分，有着丰富的历史文化价值、建筑文化价值、科学价值和艺术价值。

2.3.1　历史价值

历史文化遗产记载着历史的信息，具有极高的考古意义和历史价值，必须严格地保留这些历史的印迹，以供人们对历史文化的鉴赏。辽宁前清建筑文化遗产区域记录了作为入关前和入关过程中满族文化发展的见证，具有鲜明的前清时期历史与文化特征和民族特色，具有重要的历史文化价值。辽宁前清建筑文化遗产区域反映出四个不同的历史轨迹形成的主题：从赫图阿拉城到盛京城反映了满族从崛起到进驻辽沈地区的建造都城的历史发展过程；入关前后金与明朝发生的战争到后金军队取得胜利后进入山海关的明清战争历史进程；满族祭祀祖先而在不同地区修建的祖陵，也记载着前清时期满族修建祖陵的发展过程；满人以前只有一种宗教信仰——萨满教，但是自从定都沈阳后，他们不但把本民族的古老宗教萨满教带入了沈阳，并逐渐的接受佛教、道教等宗教，在沈阳修建了不同类型的寺庙，反映了前清时期满族与其他民族融合的历史过程。辽宁前清建筑文化遗产区域这四个历史轨迹的建筑遗存或遗址作为前清文化与历史的标志物，向世人生动地展示了前清时期满族文化的发祥和发展之路。

2.3.2　科学价值

文化遗产是一部生动、丰富、直观的史书，记载了文献资料无法替代的记忆。辽宁前清建筑文化遗产区域满族早期建造的城池遗址和建筑物体现了满族崛起过程中建筑风格和特征的变迁。满族在城池建设规划上、宫殿建筑的材料、结构、构造方面、民居建造方面、陵墓的修建上都具有鲜明的民族特点。比如努尔哈赤筑造的城池和宫殿，与汉族筑城和宫殿规划设计截然不同，沈阳故宫的大政殿、十王亭的这种布局风格，明显地体现了八旗制度和后金早期军事民主政体，体现的是满族的民族特色；清宁宫采取五间硬山式建筑，为口袋房，宫内有万字炕，并建有与山墙分离的烟囱。在后宫之中，还立有索伦竿，又称神竿，这些满族的建筑特点，不仅存在于皇宫之中，也广泛应用于民间建筑，如满族民居，其院落布局、建筑屋顶形式、门窗形式、仓储形式和室内空间的布置都具有典型的满族建筑文化特色。陵寝方面，比如福陵、昭陵中修建的"月牙城"和"雉堞、角楼"，都独具特色。这些文化遗产都具有重要的建筑史、建筑文化研究价值。

2.3.3　艺术价值

建筑作为石头书写的史诗，反映多种艺术成就，具有丰富的艺术价值。研究辽宁前清建筑文化遗产区域，可以发现区域内的遗产资源和历史古迹的艺术特点是，满族建筑既有本民族的建造艺术，又有汉式建筑风格与藏式建筑风格的对比，体现为艺术上的对比反差，但在总体上体现着和谐与统一。这里有封闭与开敞的对比、高耸与低平的对比、平缓与曲折的对比、华丽与朴素的对比、质地与色彩的对比、内外空间与大小体量的对比，这些对比大大开阔了审美的广度，这是一个建筑所处不同历史空间中形成的和谐关系，这种和谐使建筑体现着时代的风格，贯彻着当代建筑审美的基本尺度。

第 3 章　辽宁前清建筑文化遗产区域构建

3.1　层次分析法的引入

传统文化遗产研究的方法，已经满足不了遗产区域这种大尺度的大型遗产类型的研究。为此，在研究遗产区域的构建和保护中，需要引入现代科学的方法作为指导。

从系统科学角度看，辽宁前清建筑文化遗产区域实质上是一个整体系统，具有系统的所有基本的特点，不但涉及的遗产资源数量大，而且类型众多，具有相互之间的关联关系。对于辽宁前清建筑文化遗产区域的构建，应在普查调研辽宁省境内前清建筑文化遗产资源的前提下，突出前清的重点和特色。辽宁前清建筑文化遗产区域的遗产资源众多，如何取舍这些遗产资源，如何确定区域内的遗产节点，如何考虑遗产节点与主题的贴合度，如何考虑节点与区域的空间关系以及遗产资源的现状，如何对区域内的遗产资源进行分析决策，这些都是构建辽宁前清建筑文化遗产区域的关键问题。由于遗产区域具有尺度大、情况复杂的特点，所以，仅仅通过简单的定性分析，已经不能满足目前解决复杂问题的需要，必须突破现有从单一资源和单一区段的角度评估遗产资源的方法，这就需要一个有效的定量分析的方法来解决这些关键问题，并进行决策分析。我们尝试采用现代决策分析方法来构建辽宁前清建筑文化遗产区域，为大尺度遗产类型的构建提供突破性的、科学的新方法。

层次分析法（AHP）作为综合评价方法中的一种，与期望水平交互求解，是介于软硬决策方法间，用于求解离散型多指标决策问题的有效决策方法。其特点是将复杂问题层次化、结构化，通过对被分解的简单问题进行决策，得到整个问题的决策方案。决策过程清晰、易操作，是现代决策分析方法中一种比较科学有效的方法，因而在世界范围内得到广泛的研究与应用。

3.2　层次分析法的基本原理和步骤

3.2.1　层次分析法的基本原理和特点

层次分析法（analytic hierarchy process），简称 AHP 法，是美国运筹学家萨

蒂（T. L. Saaty）于 20 世纪 70 年代提出的一种定性分析与定量分析相结合的多目标决策分析方法。层次分析法可以对非定量事件做定量分析，以及对人的主观判断作出定量描述。该方法采用数学方法描述需要解决的问题，适用于多目标、多因素、多准则、难以全部量化的大型复杂系统，对目标（或因素）结构复杂并且缺乏必要数据的情况也比较适用。

层次分析法的基本原理是首先把分析或评价的对象层次化，根据问题的性质和评价的要求，将评价的问题分解为不同的组成因素或评价指标，并按照这些因素之间的相互关联、相互影响和隶属关系，将因素以不同层次进行聚集组合，形成一个多层次的、有明确关系的、条理化的分析评价结构模型。对于组成因素或者子系统的评价，实际上是最底层对最高层次的相对重要性权值的确定，或者是构成相对优劣次序的排队问题。在计算每一层次的所有因素相对于上层次某因素重要性的单排序问题时，又可以简化成一系列成对因素的判断比较。同时为了判断、比较的定量化，引入 1～9 比率表示方法，并构成判断矩阵。通过对判断矩阵的最大特征根以及相应的特征向量的计算，求出某层因素相对于上层某一因素的相对重要性的权值。这种计算权重的方法，是一种定性分析和定量分析相结合的方法。应用这种方法，决策者通过将复杂的事物或者复杂的问题分解成若干个层次或若干个因素的过程，并在各个因素之间进行简单的判断比较和计算，就可以对不同的对象或方案提供评价，并作出决策。

AHP 之所以会受到国内外如此众多学者的关注和研究，是因为其具有一些较突出的特点：①原理简单，建立在实验心理学和矩阵论基础上的 AHP 原理易被大多数领域的学者所接受，同时由于原理清晰、简明，使研究与应用 AHP 方法的学者无需花大量的时间便会很快进入研究角色；②结构化、层次化，将复杂的问题转化为诸多具有结构和层次关系的简单问题求解；③理论基础扎实，建立在严格矩阵分析之上的 AHP 方法具有扎实的理论基础，同时也给研究者提供了进一步研究平台和应用的基础；④定性与定量方法相结合，大部分复杂的决策问题都同时含有许多定性与定量因素，AHP 满足了人们对这类决策问题进行决策的需要。

3.2.2　层次分析法的分析步骤

用层次分析法解决复杂问题的基本思想是：把决策问题按总目标、子目标、评价标准直至具体措施的顺序分解为不同层次的结构，然后利用求判断矩阵特征向量的方法，求出每层次的各元素对上层次某元素的权重，最后用加权和的方法递阶归并，求出各方案总目标的权重。越重要的因素权重越大，权重值最大者即为最优方案。

根据方法的基本思想，整个分析过程主要包括两个方面的内容：一是各层次目标的权重确定；二是根据最低层次各目标的权重和各方案的属性值对方案作出综合评价。因此，用层次分析法分析问题，大体经过明确问题、建立层次结构模型、构造判断矩阵、层次单排序及一致性检验、层次总排序及一致性检验、最终决策六个步骤。

（1）明确问题

明确问题的范围、具体要求、所包含的要素以及各要素相互之间的关系。

（2）建立层次结构模型

面对复杂的决策问题，从利于进行决策分析的角度出发，运用层次分析法进行系统分析时，处理的方法是先对问题所涉及的因素进行分类，即把系统所包含的因素进行分组，每一组作为一个层次，按照最高层、若干有关的中间层和最低层的形式排列起来，构成一个各因素之间相互联结的层次结构模型。

一般情况下，因素可分为三类，即目标类、标准类和措施类，即通常将解决问题的总目标作为最高层，而解决实际问题的政策和措施作为最低层，介于这二层之间的是由高至低的若干中间层。也可以将总目标分解为具体的几个目标作为次高层，中间层，可以考虑设置达到目标的策略层、评价目标的准则层、目标互相制约的约束层等，如图 3.1 所示。这些都要由具体问题的分析而定，没有一个固定的模式。

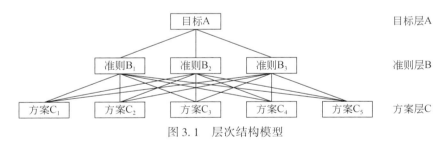

图 3.1　层次结构模型

具体方法是通过逐层比较多种关联因素，按照目标到措施自上而下地将各类因素之间的直接影响关系排列于不同层次，并构成层次结构图。图 3.1 中，最高层表示解决问题的目的，即应用 AHP 所要达到的最终目的；中间层表示采用某种措施和政策来实现预定目标所涉及的中间环节，一般又分为策略层、约束层、准则层等，图中采用的是准则层；最低层表示解决问题的措施或政策（即方案）。

图中方框之间的连线表示在不同层次的因素之间存在关系。

（3）构造判断矩阵

任何系统分析都以一定的信息为基础，层次分析法的信息基础主要是人们对每一层次各因素的相对重要性给出的判断。将这些判断用数值表示出来，写成的矩阵形式就是判断矩阵。

　　判断矩阵中各元素表示针对上一层次某因素而言，本层次与之有关的各因素之间的相对重要性。比较每一个下层相关元素 B_i、B_j 之间对于上层某元素 A_k 的相对重要性，即构成如下一组多元素的判断矩阵 $\boldsymbol{B}$ 如表 3.1 所示。

表 3.1　各元素相对重要性的判断矩阵

A_k	$\boldsymbol{B}_1$	B_2	B_j	B_n
B_1	$\boldsymbol{b}_{11}$	b_{12}	$\cdots$	b_{1n}
B_2	$\boldsymbol{b}_{21}$	b_{22}	$\cdots$	b_{2n}
B_i	$\vdots$	$\vdots$	b_{ij}	$\vdots$
B_n	$\boldsymbol{b}_{n1}$	b_{n2}	$\cdots$	b_{nn}

　　其中，b_{ij} 是对于 A_k 而言，B_i 对 B_j 的相对重要性的数值表示，b_{ij} 是 b_i 与 b_j 的比值，通常用表 3.2 所示的 1~9 比例标度法规定量化指标。

表 3.2　比例标度法

两元素对上层元素影响比较	相等	稍微重要	较重要	很重要	极重要
矩阵中对应结点 b_{ij}	1	3 (1/3)	5 (1/5)	7 (1/7)	9 (1/9)

　　由上述可得，任何判断矩阵都应满足 $b_{ij}=1/b_{ji}$，且 $b_{ii}=1$（i，$j=1$，2，$\cdots$，n）。事实上，对于 n 阶判断矩阵，仅需要对矩阵元素给出 $\dfrac{n(n-1)}{2}$ 数值。

　　（4）层次单排序及一致性检验

　　层次单排序是将每层内的元素进行排序。它是根据上层某元素的判断矩阵，利用和积法或方根法，计算出某层次的因素之间对上一层某因素的相对重要性的权值，然后根据权值排列次序。它是本层次所有因素相对于上一层次，乃至最高层次重要性进行排序的基础。

　　层次单排序可以归结为计算判断矩阵的特征值和特征向量的问题。即对判断矩阵 $\boldsymbol{B}$，计算满足 $\boldsymbol{BW}=\lambda_{\max}\boldsymbol{W}$ 的最大特征值 $\lambda_{\max}$ 和对应的、经过归一化的特征向量 $\boldsymbol{W}$，其中特征向量 $\boldsymbol{W}=(W_1$，W_2，$\cdots$，$W_n)$，就是 B_1，B_2，$\cdots$，B_n。对于上一层次元素 A_k 的单排序的权值，$\boldsymbol{W}$ 的元素和 A_k 的下层各元素是一一对应的。

　　层次分析法中的主要计算问题是如何判断矩阵的最大特征值 $\lambda_{\max}$ 及其特征向量 $\boldsymbol{W}$ 的计算。一般有两种计算方法：和积法和方根法。本书是采用和积法。

　　和积法的计算步骤如下：

　　① 将判断矩阵按列归一化：$\overline{b_{ij}}=\dfrac{b_{ij}}{\sum\limits_{k-1}^{n}b_{kj}}$，　　　i，$j=1$，2，$\cdots$，n。

②每列归一化后的判断矩阵按行相加：$\overline{W_i} = \sum_{j=1}^{n} \overline{b_{ij}}$，　$j = 1$，2，$\cdots$，n。

③对向量 $\overline{\bm{W}} = [\ \overline{W_1}$，$\overline{W_2}$，$\cdots$，$\overline{W_n}$，$]^{\mathrm{T}}$ 归一化：$W = \dfrac{\overline{W_i}}{\sum\limits_{j=1}^{n} \overline{W_j}}$，$i = 1$，$2$，$\cdots n$。

得到的 $\bm{W} = [\ W_1$，W_2，$\cdots$，$W_n]^{\mathrm{T}}$ 即为所求特征向量。

④计算判断矩阵最大特征值：$\lambda_{\max} = \sum_{i=1}^{n} \dfrac{(AW)_i}{nW_i}$，式中，$(AW)_i$ 表示向量 AW 的第 i 个分量。

而最大特征值 $\lambda_{\max}$ 是用来检验判断矩阵 $\bm{B}$ 的一致性。检验判断矩阵的一致性就是检验其合理性，由于在进行因素的两两比较时的价值取向和定级技巧等原因，可能会出现甲比乙重要、乙比丙重要、丙比甲重要的逻辑错误和重要性等级赋值的非等比性等情况，因此必须对判断矩阵的合理性程度以及可接受性进行鉴别。通常，定义一致性指标

$$CI = \frac{\lambda_{\max} - n}{n - 1}$$

衡量判断矩阵的不一致程度。一般情况下，CI>0，即 $\lambda_{\max}$ >n。CI 越小，表示一致性越好，即 $\lambda_{\max}$ 稍微大于 n 就是满意的。CI=0 时，则 $\bm{B}$ 完全一致，这时判断矩阵有最大特征值 n，即满足 $\lambda_{\max} = n$。实际操作中，判断矩阵 $\bm{B}$ 是否具有一致性，是将 CI 与平均随机一致性指标 RI 进行比较。一般 RI 的值如表 3.3 所示。而如果 n 的数值较大，就需要通过计算得出 RI 值。

表3.3　平均随机一致性指标

矩阵阶数	1	2	3	4	5	6	7	8	9
RI	0.00	0.00	0.58	0.90	1.12	1.24	1.32	1.41	1.45

一阶、二阶判断矩阵总是具有一致性，所以不必检验。当判断矩阵的阶数大于 2 时，记

$$CR = \frac{CI}{RI}$$

为判断矩阵的随机一致性比例。如果 CR<0.10，就认为矩阵具有满意的一致性，可根据 ω_1，ω_2，$\cdots$，ω_n 的大小将 B_1，B_2，$\cdots$，B_n 排序；否则需要调整判断矩阵，重新估计 b_{ij}，再进行检验。

（5）层次总排序及一致性检验

当针对上一层次 A 中 m 个因素 A_1，A_2，$\cdots$，A_n，逐个对层次 B 中的 n 个因

素 B_1，B_2，…，B_n 进行单排序（即进行了 m 次单排序）后，就可以利用这些结果对整个层次A得到 B_1，B_2，…，B_n 的一组权值，作为层次 B 各因素按重要性排序的依据，这就是层次总排序。

层次总排序是逐层间的元素排序，从上到下、顺序逐层，计算同层各元素对于最高层的相对重要性权值。由于最高层就是一个元素，所以最高层下面的一层的单排序就是总排序。例如，C 层元素通过 B 层元素对 A 元素的重要性可以表示成如表 3.4 矩阵的形式

表 3.4　C 层元素通过 B 层元素对 A 元素的相对重要性矩阵

层次 B 元素	B_1	B_2	B_i	B_m	C 层总排序
层次 B 权值	b_1	b_2	b_i	b_m	
C_1	$c_1(1)$	$c_1(2)$	…	$c_1(m)$	$\sum\limits_{i=1}^{n} b(i)c_1(i)$
C_2	$c_2(1)$	$c_2(2)$	…	$c_2(m)$	$\sum\limits_{i=1}^{n} b(i)c_2(i)$
层次 C 元素 C_i	⋮	⋮	$c_i(i)$ 权值	⋮	⋮
C_n	$c_n(1)$	$c_n(2)$	…	$c_n(m)$	$\sum\limits_{i=1}^{n} b(i)c_n(i)$

对层次总排序也要进行一致性检验。记对 A_k 进行层次 B 单排序的一致性指标是 CI_k，相应的平均随机一致性指标是 RI_k，则定义总排序的一致性指标和总排序的平均随机一致性指标

$$CI = \sum_{k=1}^{m} a_k CI_k$$

$$RI = \sum_{k=1}^{m} a_k RI_k$$

如上所述，当 $CR =$ 时，$\dfrac{CI}{RI} \leqslant 0.10$ 认为层次总排序的一致性是满意的。

（6）最终决策

按层次分析法一层一层往下进行总排序，最终可得备选方案的总排序，从而可确认最佳方案。

3.3　层次分析法用于构建遗产区域的步骤

3.3.1　明确遗产区域构建的主要问题

运用层次分析法构建辽宁前清建筑文化遗产区域，要明确三个问题：首先需要确定辽宁省境内遗产资源的"前清文化"主题，才能确定区域内所包含的遗产节点以及各节点相互之间的关系；其次要调研区域内遗产节点的现存情况，以确定是否还有继续保护的价值；第三要考虑遗产节点的保护级别，文物建筑的保护级别也是考量文化遗产是否具有保护价值的重要指标。

3.3.2　建立辽宁前清建筑文化遗产区域的层次结构模型

（1）层次结构模型的目标层

区域的层次结构模型的目标层 A 就是要构建辽宁前清建筑文化遗产区域，如图 3.2 所示。

（2）评价指标准则层的内容

经过对辽宁前清建筑文化遗产区域构成要素的分析，构建区域的主要评价指标准则层应该有三个：前清文化（准则 B_1）、现存情况（准则 B_2）和保护级别（准则 B_3）。

①前清文化。辽宁前清建筑文化遗产区域主要应该围绕"前清文化"的主题，体现"前清文化"特点，这才是它有别于其他遗产区域的地方。而"前清文化"如何在区域中体现以及构成"前清文化"主题的四个历史过程，已在第 2 章进行了详细的分析和讨论。

②现存情况。辽宁前清建筑文化遗产区域涉及的建筑文化遗产应该是现存情况比较好，或是现存情况一般，具有保护价值的，以及至今保存有遗址的文化遗产。对于没有任何遗存或遗址，已经变成农耕地或荒地，找不到任何痕迹的遗产，就不具备保护价值了，不能纳入区域中。

③保护级别。国家通过专业人士的综合考证，确定文物保护单位，同时也是在确定这些文化遗产的保护价值。辽宁前清建筑文化遗产区域涉及的建筑文化遗产，既有世界遗产，又有没有保护级别的文物建筑，但具体应不应该纳入区域内进行整体保护，需要用科学的方法进行计算，得出结果。

以上三个评价指标是构建辽宁前清建筑文化遗产区域的必要条件，必须同时满足。而其他的评价指标如地理位置、遗产类型已经包括在辽宁省境内的建筑文化遗产中。

（3）建筑文化遗产资源的方案层

确定辽宁省境内建筑文化遗产资源的方案层 C，是通过查阅前清相关的历史文献资料、查阅辽宁省文化厅相关文物保护单位文件和辽宁省各地级市的文物保护单位文件得来的。图 3.2 中的数字就是与辽宁前清文化相关的建筑文化遗产节点。

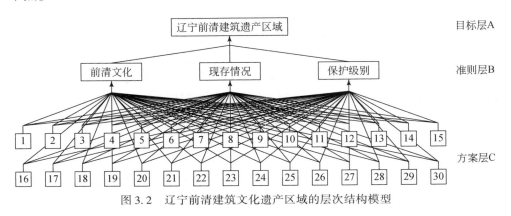

图 3.2　辽宁前清建筑文化遗产区域的层次结构模型

3.3.3　建立建筑文化遗产评价标准的判断矩阵

根据辽宁前清建筑文化遗产区域层次结构和主要评价指标的分析，层次结构模型上下层之间元素的隶属关系就被确定了，就可以构造建筑文化遗产的评价标准。前清文化（准则 B_1）、现存情况（准则 B_2）和保护级别（准则 B_3）的相对重要性判断矩阵，如表 3.5 所示。

表 3.5　评价标准相对重要性的判断矩阵

评价指标	B_1	B_2	B_3
B_1	1	5	9
B_2	1/5	1	3
B_3	1/9	1/3	1

"前清文化"是辽宁前清建筑文化遗产区域构建最主要的条件，这是这个区域的建筑文化遗产资源区别其他遗产区域或遗产廊道最主要的特色；"现存情况"是区域建筑文化遗产是否值得保护的依据，只要还尚存有一定遗址或遗存，就具有保护价值，应该纳入区域，以便日后进行保护，所以比较重要；"保护级别"是另一个区域建筑文化遗产是否值得保护的依据，但重要性相对

弱一些。

建筑文化遗产层次单排序还要构造遗产节点的"前清文化"、"现存情况"、"保护级别"三个准则层因素相对重要性的判断矩阵。

3.3.4　建筑文化遗产层次单排序及一致性检验

根据建筑文化遗产三个准则层重要度评价标准的判断矩阵，计算出各层次的建筑文化遗产之间的相对重要性的权值，然后根据权值排列次序。经过层次单排序，可以为下一步最高层次重要性进行遗产节点的总排序打下基础，如表 3.6 所示。

表 3.6　评价标准相对重要性判断矩阵计算

评价指标	B_1	B_2	B_3	特征向量 W
B_1	0. 762 712	0. 789 474	0. 692 308	0. 748 164
B_2	0. 152 542	0. 157 895	0. 230 769	0. 180 402
B_3	0. 084 746	0. 052 632	0. 076 923	0. 071 433

最大特征值 $\lambda_{\max} = 3.052\ 108\ 541\ 671\ 432$

一致性指标 $CI = \dfrac{\lambda_{\max} - n}{n - 1} = 0.026\ 054\ 270\ 835\ 716\ 098$（$n = 3$）

一致性比例 $CR = \dfrac{CI}{RI} = 0.044\ 921\ 156\ 613\ 303\ 620$（经查表 3.3，$RI = 0.58$）

$CR < 0.1$，通过一致性检验，说明评价标准相对重要性的判断矩阵不存在逻辑错误，具有满意的一致性。

同样，对前清文化相对重要性判断矩阵、现存情况相对重要性判断矩阵、保护级别相对重要性判断矩阵进行计算。

3.3.5　建筑文化遗产层次总排序及一致性检验

根据层次总排序和一致性检验计算，得出建筑文化遗产重要度的计算结果，如表 3.7 所示。

表 3.7　建筑文化遗产重要度计算结果

序号	节点名称	现存情况	前清相关	保护级别	重要度计算结果
1	沈阳故宫	0. 097 915	0. 066 093	0. 101 019	0. 074 329
2	沈阳福陵	0. 097 915	0. 066 093	0. 101 019	0. 074 329

序号	节点名称	现存情况	前清相关	保护级别	重要度计算结果
3	沈阳昭陵	0.097 915	0.066 093	0.101 019	0.074 329
4	沈阳实胜寺	0.052 479	0.030 650	0.023 295	0.034 062
5	沈阳慈恩寺	0.052 479	0.007 527	0.023 295	0.016 763
6	沈阳永安石桥	0.026 700	0.014 772	0.023 295	0.017 533
7	沈阳清真南寺	0.052 479	0.007 527	0.023 295	0.016 763
8	沈阳北塔法轮寺	0.052 479	0.014 772	0.023 295	0.022 184
9	沈阳南塔广慈寺	0.026 700	0.014 772	0.023 295	0.017 533
10	沈阳东塔永光寺	0.026 700	0.014 772	0.023 295	0.017 533
11	沈阳西塔延寿寺	0.005 727	0.014 772	0.005 683	0.012 491
12	沈阳盛京城址	0.011 424	0.064 661	0.010 170	0.051 164
13	沈阳清柳条边遗址	0.011 424	0.014 772	0.023 295	0.014 777
14	抚顺赫图阿拉城	0.011 424	0.064 661	0.055 160	0.054 378
15	抚顺界藩城	0.011 424	0.031 556	0.023 295	0.027 334
16	抚顺萨尔浒城	0.011 424	0.031 556	0.023 295	0.027 334
17	抚顺萨尔浒战场	0.005 727	0.014 772	0.005 683	0.012 491
18	抚顺清柳条边遗址	0.011 424	0.014 772	0.023 295	0.014 777
19	抚顺费阿拉老城	0.011 424	0.007 527	0.023 295	0.009 356
20	抚顺清永陵	0.097 915	0.064 661	0.101 019	0.073 257
21	抚顺肇宅	0.026 700	0.005 096	0.005 683	0.009 036
22	抚顺后金三道关	0.011 424	0.005 096	0.010 170	0.006 600
23	辽阳东京陵	0.052 479	0.063 895	0.023 295	0.058 935
24	辽阳东京城城址	0.011 424	0.063 895	0.023 295	0.051 529
25	本溪九龙山城	0.011 424	0.014 772	0.023 295	0.014 777
26	锦州松杏明清战场遗址	0.011 424	0.063 895	0.010 170	0.050 591
27	锦州辽东边墙	0.011 424	0.063 895	0.010 170	0.050 591

续表

序号	节点名称	现存情况	前清相关	保护级别	重要度计算结果
28	锦州清柳条边遗址	0.011 424	0.014 772	0.023 295	0.014 777
29	葫芦岛市兴城古城	0.052 479	0.063 895	0.055 160	0.061 211
30	葫芦岛市中前所城	0.026 700	0.014 006	0.055 160	0.019 236

最大特征值 λ_{max} = 31.458 484 620 416 957

一致性指标 CI = $\dfrac{\lambda_{max} - n}{n - 1}$ = 0.050 292 573 117 826 15　　　　（$n = 30$）

一致性比率 CR = $\dfrac{CI}{RI}$ = 0.030 072 095 860 934 078　　　　（经计算，RI = 1.672 4）

CR<0.1，通过一致性检验，说明建筑文化遗产层次总排序的一致性是满意的。

3.4　构建辽宁前清建筑文化遗产区域

辽宁省境内的 30 处前清建筑文化遗产遵照层次分析法的三个评价标准"前清文化"、"现存情况"、"保护级别"的相对重要性进行单排序后，又根据层次单排序结果进一步计算出区域建筑文化遗产重要性的总排序。经过一致性检验表明，层次单排序和层次总排序结果均具有满意的一致性，层次分析法分析得到的结论基本合理，说明层次分析法应用于构建辽宁前清建筑文化遗产区域具有一定的科学性和可信度。根据层次分析法分析后纳入区域的建筑文化遗产，可以成为构建辽宁前清建筑文化遗产区域的重要决策依据。

根据层次分析法的定性分析，辽宁前清建筑文化遗产有 3 处重要度计算结果的分值过低（抚顺费阿拉老城、抚顺后金三道关、抚顺肇宅），后来征求专家的意见和文献资料的进一步查阅，发现抚顺费阿拉老城和抚顺后金三道关是在 1616 年努尔哈赤创建大金之前比较重要的建筑文化遗产，而抚顺肇宅的修建年代应该是在清军入关以后的事了，所以这三处建筑文化遗产可以不纳入前清建筑文化遗产区域。

根据辽宁省文化厅的文物保护单位文件，沈阳西塔延寿寺和抚顺萨尔浒战场目前均没有保护级别，经过了课题组实地调研后，发现沈阳西塔延寿寺已无遗迹，现在的建筑是后人重新修建的，抚顺萨尔浒战场遗址已经淹没在抚顺大伙房水库的水面之下了。这两处建筑文化遗产已没有保护价值。

综上所述，辽宁前清建筑文化遗产区域是由辽宁省境内 11 个市县的 25 处前清建筑文化遗产构建而成，如图 3.3 所示。

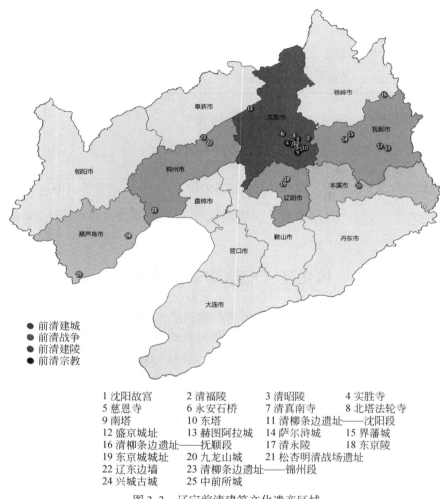

前清建城
前清战争
前清建陵
前清宗教

1 沈阳故宫	2 清福陵	3 清昭陵	4 实胜寺
5 慈恩寺	6 永安石桥	7 清真南寺	8 北塔法轮寺
9 南塔	10 东塔	11 清柳条边遗址——沈阳段
12 盛京城址	13 赫图阿拉城	14 萨尔浒城	15 界藩城
16 清柳条边遗址——抚顺段	17 清永陵	18 东京陵
19 东京城城址	20 九龙山城	21 松杏明清战场遗址
22 辽东边墙	23 清柳条边遗址——锦州段
24 兴城古城	25 中前所城

图 3.3　辽宁前清建筑文化遗产区域

第4章　辽宁前清建筑文化遗产区域现状

4.1　辽宁前清建筑文化遗产区域的调研

为更好地完成科研课题，沈阳工业大学建筑工程学院于 2012 年 10 月至 2013 年 2 月，开展了对辽宁省境内的 11 个市县的 25 处前清建筑文化遗产（表 4.1）深入的调查研究。

这次调研最重要的内容有两个方面：一是对辽宁前清建筑文化遗产及相关情况有全面的了解；二是为日后的保护规划收集必要的基础资料。调研工作分为调研准备、实地调研、资料整理三个阶段。

4.1.1　调研准备

对于建筑文化遗产的保护，最基本的是要了解建筑文化遗产本身及周边环境情况，在每个保护规划开始编制之前，首先要全面系统地查阅资料。遗产点的基本情况可以通过查阅文献资料来了解它的历史和自然地理信息。在初步了解遗产资源基本情况的前提下再进行更深入细致的实地全面调研。调研准备主要包括历史脉络信息的前期收集、区位地理信息的前期收集、制订实地调研的工作内容和资料收集计划。

①历史脉络信息的前期收集：查阅辽宁省内涉及的前清建筑文化遗产资料，按照公元 1616 年至 1644 年的时间段，选出符合条件的建筑文化遗产点。这些遗产点包括前清时期修建的城池、寺庙、民居、陵墓、防御边墙、桥梁和前清战役发生地的遗存等。

②区位地理信息的前期收集：查阅遗产点的区位图（省–市–县–镇）、地段地形图、道路交通现状图、总体环境图等。这些资料对实地调研有重要的参考价值。然后根据图片、地形图、地方史志文献等多方面资料的前期收集，形成最终的调研对象。

③制订实地调研的工作内容和资料收集计划：确定调研内容和目标、设计调研表格、开列所需资料内容目录等。

表 4.1　辽宁省前清建筑文化遗产调查统计表

编号	遗产名称	现地址	年代相关	遗产类型	主题相关	目前保护级别	保存现状
1	沈阳故宫	沈阳市沈河区沈阳路171号	始建于1625年	古建筑	前清建城	世界遗产	保存完整
2	清福陵	沈阳市东陵区东郊的东陵公园内	始建于1629年	古墓葬	前清建陵	世界遗产	保存完整
3	清昭陵	沈阳市皇姑区泰山路北陵公园内	始建于1643年	古墓葬	前清建陵	世界遗产	保存完整
4	实胜寺	沈阳市和平区皇寺路206号	始建于1636年	古建筑	前清宗教	省级文物保护单位	整体保存较好
5	慈恩寺	沈阳市沈河区大南街慈恩寺巷12号	始建于1628年	古建筑	前清宗教	省级文物保护单位	整体保存较好
6	永安石桥	沈阳市于洪区马三家子乡	始建于1641年	古建筑	前清建城	省级文物保护单位	破损严重
7	清真南寺	沈阳市沈河区小西路清真南路23号	始建于1627年	古建筑	前清宗教	省级文物保护单位	整体保存较好
8	沈阳北塔法轮寺	沈阳市于洪区北塔街27号	始建于1643年	古建筑	前清宗教	省级文物保护单位	整体保存较好
9	沈阳南塔	沈阳市东陵区南塔街与文翠路交汇处东北角	始建于1643年	古建筑	前清宗教	省级文物保护单位	仅存南塔，广慈寺已无存
10	沈阳东塔	沈阳市大东区东塔街与长安路交汇处，西临南运河	始建于1643年	古建筑	前清宗教	省级文物保护单位	仅存东塔，永光寺已无存
11	清柳条边遗址——沈阳段	沈阳市新民市于家窝堡乡北边村，侯家围村	始建于1638年	古遗址	前清建城	省级文物保护单位	仅存遗址
12	盛京城址	沈阳市沈河区西顺城街顺垣巷12号	1625年，努尔哈赤迁都盛京城	古建筑	前清建城	市级文物保护单位	仅保留有部分原城墙城砖
13	赫图阿拉城	抚顺市新宾满族自治县永陵镇	1616年，努尔哈赤在此称帝	古遗址	前清建城	国家级文物保护单位	仅存遗址，建筑为复建建筑

续表

编号	遗产名称	现地址	年代相关	遗产类型	主题相关	目前保护级别	保存现状
14	萨尔浒城	抚顺市东浑河南岸	始建于 1619 年	古遗址	前清建城	省级文物保护单位	仅存遗址
15	界藩城	抚顺市东浑河南岸	始建于 1618 年	古遗址	前清建城	省级文物保护单位	仅存遗址
16	清柳条边遗址——抚顺段	抚顺市清原县大孤家镇北岔沟村	始建于 1638 年	古遗址	前清建城	省级文物保护单位	仅存遗址
17	清永陵	抚顺市新宾满族自治县永陵镇内	1636 年，皇太极设为"二祖陵"；1643 年，赫图阿拉祖陵称"兴京陵"	古墓葬	前清建城	世界遗产	保存完整
18	东京陵	辽阳市太子河区东京陵乡东京陵村	始建于 1624 年	古墓葬	前清建城	省级文物保护单位	整体保存较好
19	东京城址	辽阳市太子河区东京陵乡新城村	始建于 1621 年	古遗址	前清建城	省级文物保护单位	仅存遗址
20	九龙山城	本溪市满族自治县碱场镇九龙口村	始建于 1633 年	古遗址	前清建城	省级文物保护单位	仅存遗址
21	松杏明清战场遗址	锦州市凌海市松山一带	1639 年明清松、杏之战战场	古遗址	前清战争	市级文物保护单位	仅存遗址
22	辽东边端	锦州市黑山县八道壕镇台门镇	1644 年，清军从此进入山海关	古建筑	前清战争	市级文物保护单位	仅存建筑残迹
23	清柳条边遗址——锦州段	锦州市黑山县台门镇台门镇头台村	始建于 1638 年	古遗址	前清建城	省级文物保护单位	仅存遗址
24	兴城古城	葫芦岛市兴城	1626～1627 年宁远之战战场	古建筑	前清战争	国家文物保护单位	整体保存较好
25	中前所城	葫芦岛市绥中县城西 44 公里今京沈铁路北侧	1644 年被攻陷	古建筑	前清战争	国家文物保护单位	唯有西门罗城尚存

资料来源:辽宁省文化厅文件作者自制

4.1.2　实地调研

在遗产点实地现场全面收集资料是调研工作的重心。在之前对遗产点初步了解的基础上，进行实地调查、拍照和记录。调研着重于建筑现状情况，并且补充周边环境和历史信息。同时通过对当地老人、专家访谈等多种形式，获得较为充分的一手资料。实地调研主要包括建筑文化遗产点本身的现场调研和遗产点周边环境的现场调研。

①建筑文化遗产点本身的现场调研：到遗产点实地拍照、绘图和记录。包括遗产点建筑本体和附属文物的整体情况和残损情况、遗产点的内部院落环境情况，例如屋顶、墙体、梁架结构、院落景观、地面铺装等的现状情况，并记录遗产点的目前使用情况。

②遗产点周边环境的现场调研：对遗产点的周边 50 米和 100 米范围内的现状情况进行拍照、绘图和记录。包括道路情况和周边建筑的层数、色彩和使用情况。

4.1.3　资料整理

把调研前期准备和实地调研获得的相关资料进行整理补充，形成前期调研工作的整体总结，并制作辽宁前清建筑文化遗产调研资料汇编文本。资料整理是对调研的一个系统总结，完善资料以便为保护方案的编制打下坚实的资料基础。

4.2　辽宁前清建筑文化遗产区域的现状特征

4.2.1　分布情况

辽宁省境内共有包括沈阳市、抚顺市、辽阳市、本溪市、锦州市、葫芦岛市等 11 个市县的 25 处现存前清建筑文化遗产。沈阳市是现存前清建筑文化遗产最多的城市，共有 12 处，其中沈阳市区有 11 处，新民市有 1 处。抚顺市是现存前清建筑文化遗产第二多的城市，共有 5 处，其中抚顺市区有 2 处，新宾县有 2 处，清原县 1 处。辽阳市有 2 处。本溪市有 1 处。锦州市有 3 处，其中凌海市有 1 处，黑山县有 2 处。葫芦岛市有 2 处，其中兴城有 1 处，绥中县有 1 处。如图 4.1 所示。

4.2.2　主题相关

辽宁前清建筑文化遗产区域的构建主题共有四个相关方面：前清建城、前清战争、前清建陵、前清宗教。其中与前清建城相关的遗产资源有 11 处、与前清战争相关的遗产资源有 4 处、与前清建陵相关的遗产资源有 4 处、与前清宗教相关的遗产资源有 6 处。如图 4.2 所示。

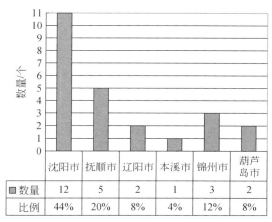

	沈阳市	抚顺市	辽阳市	本溪市	锦州市	葫芦岛市
■ 数量	12	5	2	1	3	2
比例	44%	20%	8%	4%	12%	8%

图 4.1　辽宁前清建筑文化遗产的分布情况

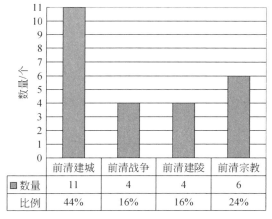

	前清建城	前清战争	前清建陵	前清宗教
■ 数量	11	4	4	6
比例	44%	16%	16%	24%

图 4.2　辽宁前清建筑文化遗产的主题相关

辽宁前清建筑文化遗产区域与前清建城、前清建陵、前清宗教相关的遗产资源主要分布在辽宁省的中东部,包括沈阳市、抚顺市、辽阳市和本溪市;与前清战争相关的遗产资源主要分布在辽宁省的西部,包括锦州市和葫芦岛市。这说明,前清时期,满族发祥和发展的过程主要集中在辽东地区,而在努尔哈赤夺下辽沈地区后,清军为挺进山海关,开始在辽西辟战场,并与明朝军队发生了一系列的战争。

4.2.3　遗产类型

　　辽宁前清建筑文化遗产共有三个类型：古建筑、古墓葬和古遗址。其中古建筑有 12 处，古墓葬有 4 处，古遗址有 9 处，如图 4.3 所示。

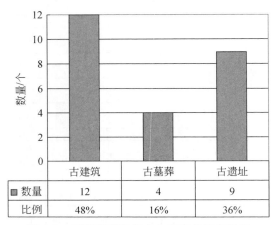

图 4.3　辽宁前清建筑文化遗产的遗产类型

4.2.4　保护级别

　　辽宁前清建筑文化遗产目前的保护级别共有四个等级：世界遗产、国家级文物保护单位、省级文物保护单位和市级文物保护单位。其中世界遗产有 4 处，国家级文物保护单位有 3 处，省级文物保护单位有 15 处，市级文物保护单位有 3 处，如图 4.4 所示。

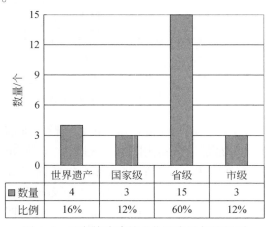

图 4.4　辽宁前清建筑文化遗产的保护级别

4.2.5　保存现状

辽宁前清建筑文化遗产目前的保存现状共有四种情况：现状保存完整、现状保存较好、现状保存较差、仅存遗址。其中现状保存完整的有 4 处，现状保存较好的有 6 处，现状保存不完整的有 6 处，仅存遗址的有 9 处，如图 4.5 所示。

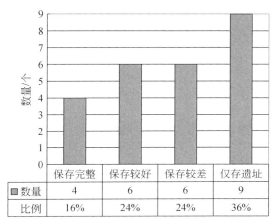

	保存完整	保存较好	保存较差	仅存遗址
■ 数量	4	6	6	9
比例	16%	24%	24%	36%

图 4.5　辽宁前清建筑文化遗产的保存现状

辽宁前清建筑文化遗产区域的遗产资源虽然都是文物保护单位，但有将近 60% 的遗产资源损毁比较严重，需要进行科学地修复、重建或复原等保护工作。

4.2.6　利用现状

辽宁前清建筑文化遗产目前的利用现状共有四种情况：博物院、公园、旅游景区、一般性参观展示。还有一些没有具体利用形式。其中作为博物院的有 1 处（沈阳故宫），作为公园的有 2 处（清福陵、清昭陵），作为旅游景区的有 3 处（赫图阿拉城、兴城古城、清永陵），一般性参观展示的有 12 处（北塔法轮寺、南塔、东塔、永安石桥、慈恩寺、清真南寺、盛京城址、实胜寺、松杏明清战场遗址、东京城、东京陵、前所城），没有得到利用的有 7 处（九龙山城、萨尔浒城、界藩城、辽东边墙、清柳条边遗址——沈阳段、抚顺段、锦州段），如图 4.6 所示。

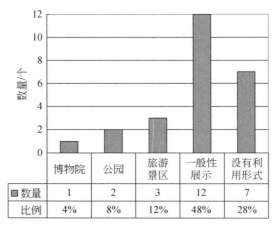

	博物院	公园	旅游景区	一般性展示	没有利用形式
■ 数量	1	2	3	12	7
比例	4%	8%	12%	48%	28%

图4.6　辽宁前清建筑文化遗产的利用现状

4.3　辽宁前清建筑文化遗产区域的现存问题

辽宁前清建筑文化遗产区域的现存问题需要从宏观和微观两个层面来分析。宏观层面上，是从遗产区域的整体情况进行分析；微观层面上，是从建筑文化遗产的现状情况进行分析。下面从这两个层面进行论述。

4.3.1　缺乏遗产区域整体保护的认识

因为目前还没有将辽宁前清建筑文化遗产区域涉及的建筑文化遗产的保护上升到战略的高度上来看，也就不会有整体的保护与发展的理念来指导。呈现在我们眼前的建筑文化遗产的保护各自为政，没有形成有机整体。而对其保护也只是从遗产本身的保护出发，没有形成作为遗产区域整体性的保护。辽宁前清建筑文化遗产区域的保护对象远远不仅是古老的建筑物，而是对整个遗产区域的保护和继承，包括历史环境、文化生态、地方特色和场所精神的保持。整体性保护辽宁前清建筑文化遗产区域，以"前清文化"为主题，保护建筑文化遗产的清人文历史或文化传统；保护这些建筑文化遗产在社会、经济、文化的纽带联系和人文或自然的历史与文化背景。

整体性保护应该既强调本体的保护，还注重整体背景环境的保护。提出保护不仅意味着文化遗产的保护，而且包括对城市经济、社会和文化结构中各积极因素的保护与利用。保护既是认识城市、指导城市建设的观念尺度，也是规划设计的方法，同时也是未来要实现的历史文化与自然生态等综合性规划目标。文化遗产所承载的历史文化信息应占据主导地位，但存在一些在体量、色彩上不和谐的新建筑。例如沈阳实胜寺附近正在修建的高层商住楼，就严重影响了文物环境景观，不仅从体量上是个高层建筑，形式和色彩也是与文物建筑周边环境不协调。

4.3.2 缺乏整体保护的法规条例和管理制度

对辽宁前清建筑文化遗产区域的整体保护没有专门的管理机构，还没有在国家层面上的综合统一管理。应由管理机构制定法律法规和管理制度，并监督这些条例和制度的执行和实施。我国关于遗产区域保护的相关法律法规和管理制度还没有建立起来。在大型遗产类型急需得到保护的今天，就需要建立完善的法规条例和有效的管理制度来进行我国遗产区域的管理和保护。我国的文化遗产保护体系也同样需要进一步完善。在由联合国教科文组织、世界银行和国家文物局、建设部共同举办的"中国文化遗产保护与城市发展"国际会议上，来自十几个国家和国内三十几个城市的专家、学者、政府官员达成《北京共识》，认为在经济快速发展的 21 世纪，许多城市中的文化遗产遭受到冲击，甚至面临着遭受破坏的危险。《北京共识》提出保护文化遗产的 3 项对策：首先，需要制定完备的保护法规体系；其次，需要一个与城市建设相吻合的、切合实际的保护规划，并严格按照规划进行城市建设；第三，需要市长以及政府有关机构具有重视城市文化遗产保护的长远目光和胆识，需要市民的责任感和使命感，需要强大的社会舆论的支持。

4.3.3 缺少整体保护的公众参与意识

到目前为止，我国遗产的保护尚没有形成美国、英国那种广泛的公众参与意识。当前，很多建筑文化遗产还没有公众参与保护的意识，虽然在当地人民政府有专门部门负责协调建设、文物、土地、旅游等方面的各项工作，但基本上还是沿用传统的"自上而下"的管理体制，负责人也是由市（县）长、文化（文物）局局长、建设、规划等各级职能部门的领导组成。

文化遗产保护工作是一项浩大艰巨而长期的社会系统工程，既要依靠政府引导，也要依靠公众的广泛参与，两者缺一不可。没有政府引导，就难以形成文化遗产保护的合力；而没有公众的广泛参与，无论多么美好的蓝图，也只能是政府和官员们一厢情愿的一纸规划空文。国务院《关于加强文化遗产保护工作的通知》（以下简称《通知》）进一步明确了政府在文化遗产保护工作中的职责，也对鼓励公众参与文化遗产保护工作做出了规划。《通知》指出，要"加大宣传力度，营造保护文化遗产的良好氛围。认真举办'文化遗产日'系列活动，提高人民群众对文化遗产保护重要性的认识，增强全社会的文化遗产保护意识。"《通知》还就各级各类文化遗产保护机构、教育部门、新闻单位等部门如何发挥作用，推动全社会形成保护文化遗产的良好气氛提出了指导意见。

4.3.4　缺少遗产区域保护经费的支持

目前我国中央财政用于文化遗产的事业经费逐年有所增加，"九五"期间投入达到 19.6 亿元，年均 4.9 亿元；文化遗产保护的专项经费也从 1995 年的 1.29 亿元增加至 2002 年的 2.76 亿元。1990～1999 年，十年中科研项目投入经费共 660 万元，年均只有 66 万，仅占全年文化遗产保护经费的 0.5%（以 1995 年计）。2000 年以后，国家科研经费投入大幅度增加，仅国家文物局年均投入 500 万。但由于我国文化遗产数量巨大，有限的经费只能投向抢救性的重要保护工程，科研经费投入就只能是杯水车薪。现在，我国许多省、区、市几乎还没有文化遗产保护科研的专项投入。

而由于遗产区域的保护形式还没有得到广泛重视，所以我国中央财政在遗产区域的经费偏向于投到个别建筑文化遗产的保护上。我国遗产区域获取经费支持的方式可以参考美国多渠道获取资金的做法。

4.3.5　建筑文化遗产和内部环境的破坏

通过这次调研，发现辽宁省境内的前清建筑文化遗产已遭破坏或被毁严重的建筑文化遗产很多。有些建筑文化遗产因年代久远，不同程度的存在物质性老化现象。如结构破损、腐朽、设施陈旧、简陋。有些建筑内部环境失修，有多处破损，部分屋顶破损，有的地方漏雨。有些遗产只存有一些依稀可见的遗迹。通过对建筑文化遗产个体现状的普遍问题的评估，分析建筑文化遗产的破坏因素主要是自然破坏因素和人为破坏因素。自然破坏因素主要有以下几方面：

①遗产区域内的很多建筑文化遗产属木结构体系，材料本身有一定局限性。这些古建筑建造的材料大量使用木材，石材和金属相对较少，因此大部分房屋是木结构建筑。由于木结构建筑材料的特殊性，自身不可能比较有效抵抗各种外界破坏因素如腐蚀、虫蛀，需要经常性的维修保养。

②风化、雨雪和动植物破坏是比较常见的破坏因素类型。尤其是风化，在近几十年中有加速的现象。对于这种破坏目前个别建筑文化遗产普遍没有比较有效的防治办法，只能是出现了破坏以后再针对具体问题补救，保护工作相对比较被动。

③雷击对建筑物的危害也比较大，但是由于近代以来大多数建筑文化遗产基本上都安装了避雷设施，起到了较好的防雷效果。

④动植物的破坏表现不是很突出，只是有些地方鸟类的粪便影响了美观，虫类的破坏基本上没有发现。在没有人看守的几处建筑文化遗产，屋顶的草长得比

较多，影响屋顶的防雨效果。

⑤所有建筑文化遗产中的铸铁构件都发生了锈蚀，程度不一。

⑥在调查的这些单位中发生地基沉降的建筑较少，近几十年中也没有发生较大的地震破坏。

人为破坏因素是指古建筑本体在使用修缮过程中由于人的活动所造成的破坏。事实上古建筑从建成那一刻起就面临着各种各样的人为破坏。从广义上来说，任何对建筑的干预都是破坏，包括使用、修缮等行为；从狭义上讲，破坏是指不能达到我们所预期的状态的一种行为。人为破坏因素主要有火灾、年久失修、修缮不当、使用不当、游人破坏、工业污染、重大破坏事故等，其本质是保护、利用、管理方面的问题。主要有以下几个方面：

①不正确的保护理念。无意识破坏：认识观念的缺乏，对文物建筑应当怎样进行保护，文物建筑的保护原则，了解很少，不知道什么样的保护是合理的，什么样的做法是错误的，对周围的建设没有认识；重视程度不够，没有充分意识到古建筑中所包含的信息都是珍贵的不可再生的资源，由此造成修缮不当和利用的方式不妥。有意识破坏：片面追求经济效益，将遗产首先作为旅游资源开发而非文化载体保护的思想，使遗产得不到正确的保护。

②技术条件落后。缺少必要的检测设备和监测技术，保护设备和保护科技水平不高，修缮技术水平都还相对落后。

③管理水平落后。日常维护、施工的管理、监督水平都有待于提高，缺乏监督机制。

④工作人员和公众素质有待提高。游人主观故意毁坏的情况，比如刻画、拆盗、污损等破坏形式，在文物保护单位对外开放初期时表现得较为明显，随着管理的加强和游客素质的提高，目前威胁较小，但是还需继续加强管理，提高素质。

第5章 辽宁前清建筑文化遗产区域的整体保护模式

5.1 保护原则

5.1.1 整体性原则

辽宁前清建筑文化遗产区域的保护应注重整体性，从整体空间组织着手，应在调查摸清建筑文化遗产情况的基础上，开展遗产区域的整体保护工作，确定整体保护方案。辽宁前清建筑文化遗产区域是一个整体系统，任何对其部分的破坏都将降低其作为一个整体的价值。在遗产区域的保护过程中，应当坚持整体性原则，把遗产区域看作是各个建筑文化遗产点组成的大系统，各个遗产点就是这个大系统的有机组成部分。根据系统理论，系统的各个组成部分在运行过程中应当协作，密切配合，相互适应，整个系统才有良好的运转。保护建筑文化遗产点，需要界定区域内建筑文化遗产点的保护范围，判别建筑文化遗产点的保护价值、重建遗产点的空间关系等。遗产区域还要确保建筑文化遗产和其所在历史环境的完整性，实施整体性保护，从宏观上扩大保护范围，保护建筑文化遗产以及其相关的历史环境。在遗产区域内，不同城市和地区应因地制宜制定保护方案，并将其作为一个区域整体对待，形成统一的保护规划，改革相关的保护架构，实施整体保护，最终实现多目标的多赢保护。

5.1.2 原真性原则

遗产区域中的文化遗产也应该遵守原真性原则。对于建筑文化遗产或历史遗存，原真性（authenticity）可以理解为那些用来判定文化遗产意义的信息是否是真实的。具体包括设计、材料、技术以及地点四个方面。根据《关于真实性的奈良文件》（nara document on authenticity）确定的真实性的原则："真实性不应理解为文化遗产的价值本身，而是我们对文化遗产价值的理解取决于有关信息来源是否确凿有效"，也可以说这种复原具有很高的真实性。人工环境、自然环境、历史文化、社会生活是构成遗产区域有机整体的四个相互关联的部分，四者是相依相存、相互渗透，不可分割的。辽宁前清建筑文化遗产区域的保护应该把这四个方面有机的结合，才能获得最佳的保护效果。辽宁前清建筑文化遗产区域要求遗产点必须不能破坏其真实历史文化信息，不能随意进行影响其历史文化价值的加建改建，要保持遗产区域原有的格局，保持周边自然和人文环境的完整性和真实性。

5.1.3　动态、阶段性原则

对于遗产区域这种大型的遗产类型的保护工作，不可能一气呵成，要分阶段进行保护。我们所提倡的动态、阶段性方法，就是要从遗产点及其周围的环境格局、整体风貌等方面出发，分阶段逐步进行保护，使遗产区域的保护随着旅游发展和居民生活的改善成为一个"动态的、连续的、精致的、复杂的"过程。这种原则可以看作是一种串联式的，每一阶段的目标都是在协调实现前一阶段目标的基础上，通过规划研究来调整和确定的，是综合的（包含社会、经济、环境的综合效益以及保护、改造、整治的综合对策等），始终是相对完整的、连续的。规划研究参与保护的全过程，确保每一阶段的完整，同时推动整个保护过程的连续、协调发展。

5.1.4　可持续发展原则

辽宁前清建筑文化遗产区域的保护应该是可持续发展的。在保护过程中，应使各类新的观念和新的技术方法都能融入保护发展之中，及时跟上社会经济发展的步伐。随着遗产旅游业的快速发展，可持续发展的保护更应放到保护工作的重要位置上来。遗产旅游的开发也一定要遵循这样的原则，才能达到发展的可持续性、和谐性的生态目标。这样，在从事旅游开发活动的同时，才不会损害后代为满足其旅游及其他需求而进行开发的可能。保护文化遗产是长期的事业，不是今天保了明天不保，一旦认识到，被确定了就应该一直保下去，没有时间限制。有的一时做不好，就慢慢做，不能急于求成，我们这一代不行下一代再做，你要一朝一夕恢复几百年的原貌必然是做表面文章，要加强教育使保护事业持之以恒。

5.1.5　公众参与原则

辽宁前清建筑文化遗产区域的保护应发掘遗产所在地区的潜在魅力，积极鼓励每个公众都参与到保护当中来。当地政府应在对历史建筑文化遗产普查、定级、建档的基础上，建立向市民宣传、展示、普及相关知识的长效机制，比如通过举办免费知识讲座、参观、开设报刊专栏、专门网站甚至进入学校教材等多渠道、多种方式宣传历史文化遗产的珍贵价值及其保护意义，让每一位市民都了解城市的文化内涵及保护对城市发展的重要意义，使全民投入到保护的行列中来。人类资源是社会的主要资本，这些做法可以让丰富的文化遗产发扬光大，还可以让当地人们增强地方或社区的自豪感和信心，促进建筑文化遗产的保护和当地的经济发展，同时扩大遗产区域的影响。

5.2　拓扑学方法的引入

当代科学的发展日新月异，各学科领域的发展已经不再孤立前行，各学科领域之间的界限趋于模糊，学科之间趋于相互关联与整合，建筑文化遗产保护也应该与其他学科领域相结合，突破现有的保护模式，探索适合我国国情的大尺度文化遗产保护理论与方法。

拓扑学作为基础学科——数学的一个分支，以其独特的科学魅力吸引了包括建筑师在内的艺术者的兴趣，建筑师将拓扑学作为建筑创作突破欧氏几何空间与形式束缚的理论基础与灵感来源，拓扑学为建筑形式与空间追求连续性的变换与流动，提供了操作方法。建筑创作在拓扑学启发下不仅带来了形态多元的建筑，也带来了全新的建筑理论。遗产区域这种大尺度文化遗产类型的保护也可以借鉴拓扑学的概念和特性，来指导这种区域性的整体保护战略，提供创新性的整体保护模式。

5.2.1　拓扑学的概念和由来

拓扑学（与代数学及分析学）被认为是基础数学三大领域中最活跃的一个领域。近年来，由于许多数学家和科学家把拓扑学的概念用于模拟或理解现实世界的结构和现象，拓扑学又成了应用数学的一个重要组成部分。拓扑学的英文名是 Topology，直译是地志学，也就是和研究地形、地貌相类似的有关学科。而地志学是关于研究地球的物质组成、内部构造、外部特征的学科，与拓扑学的数学意义不是特别吻合。因此，1956 年《数学名词》正式把将这一学科统一确定为拓扑学。

17 世纪 70 年代末，G. W. 莱布尼茨首次提出形势分析学这个名称，这是拓扑学最初的名称。形势分析学也是中文翻译后的称谓，主要是指其研究图形本身（形）及其本身与其包含的图形相对的关系性质（势）。但人们一般公认，拓扑学开创于 1736 年，数学家奥哈德·欧拉（L. Euler）所解决的七桥问题——哥尼斯堡七桥问题是最早的拓扑学问题。欧拉在遇到这个问题后意识到，这是一个新的数学课题，并且认为是属于几何学的问题，将其称为"位置几何学"——因为他认识到在解决七桥问题时，既不要求确定数量，又不要求进行数量上的计算，计算是没有用处的，它的解决仅仅需要考虑位置，于是他将其称为"位置几何学"。欧拉对这个问题进行了分析，并证明了按照给定的区域和桥梁的布局，通过漫步走过七桥实现遍游全城的路线是不存在的。在此后长达一个半世纪的时间里，有许多有名的数学家追随欧拉的这项最初的研究，对位置几何学做出了有价值的贡献，其中有德国的数学家高斯、莫比乌斯、利斯廷、黎曼与克莱因，还有法国的数学家亨利·庞加莱。

"拓扑学"这个术语首先出现于 1847 年利斯廷的论文"拓扑学的初步研究"之中，但是这个术语没有被广泛使用，原因是由于这门学科在几个世纪以后才被正式确定。几何学的这一新领域当时仍然被称为"位置分析学"，庞加莱在他 1895 年的标题为"位置分析"的论文中，首先提出了这个名称。他是这样阐述位置几何学的一般原理的：

图形的比例全部都被替代，它们的各个组成部分不一定互换，但必须保持它们的相对位置。换句话说，人们不必考虑定量的性质，而必须关注定性的性质，确切地说，就是关注位置分析所涉及的那些性质。

19 世纪在位置几何学方面的许多成果都来自应用问题的刺激，其中有麦克斯韦尔和泰特关于纽结（源于化学）方面的研究、基希霍夫对电网络的研究，以及庞加莱在天文学和力学方面的研究。

在 19 世纪后期及 20 世纪初期，一些数学家作出的许多贡献，推动了拓扑学这门新兴学科的成长。这些数学家有布劳威尔、康托、弗雷歇、豪斯多夫、庞加莱、里斯及外尔等。其中豪斯多夫 1914 年的著作《点集论文纲要》介绍了拓扑空间的公理化基础，从而开创了拓扑学作为基础数学的一个分支的全面研究。在整个 20 世纪，拓扑学得到重大发展，成为数学的一个重要分支。拓扑学（与代数学及分析学）被认为是基础数学三大支柱体系之一。从现今获得菲尔兹奖的 24 位数学家中大半是因为在拓扑领域有着突出贡献而获奖的事实上来看，就能体现现代数学对于拓扑学体系的构建的重视程度。特别要提及的是拓扑学中连续性、连通性的概念，对于代数数学有着巨大影响，拓扑学也变成一门代表数学思维的数学分支。

5.2.2　拓扑学的特性及应用

拓扑学脱胎于几何学，推广了它的某些观念，并抛弃了出现在其中的某些结构。从字面上看，"拓扑学"这个词意味着关于配置与定位的研究拓扑学研究形状及其性质、变形和它们之间的映射，以及把它们组合起来的构形。

我们在拓扑学中研究的对象称为拓扑空间。它是点的集合，对于它们来说，点与点之间接近的概念，通过指定一组称为开集的子集而建立直线、圆周、平面、球、环面以及默比乌斯（möbius）带，都是拓扑空间的例子。

给定个拓扑空间的一个集合，与它有关的两个集合是内部和边界。辽宁前清建筑文化遗产区域是辽宁省有关前清建筑文化遗产的集合，也是一个拓扑空间，需要确定集合的内部和边界。关于辽宁前清建筑文化遗产区域内部和边界的确定已经在之前的第 3 章（辽宁前清建筑文化遗产区域构建）进行了详细的论述。

拓扑空间首先具有连通性和连续性这两个明显的特性。拓扑空间连通性的概念，可以通过两条途径表述。一条途径可以表述为，一个拓扑空间是连通的。如果它不能分解为彼此分离的两部分。另一条途程可以表述为，一个拓扑空间是连通的，如果在此空间中可以通过连续的道路，从任何点达到另一点，这种连通也可以成为是道路连通的。因此，辽宁前清建筑文化遗产区域的整体保护应该建立交通系统，才能达到连通性的目的。

连续性的概念在拓扑学中是重要的概念之一。在一个集合上的拓扑，是建立有关集合邻近性概念的一种结构。拓扑空间之间的连续函数专门用于讨论邻近性，此性质反映了这样的概念，即一个连续函数把一个空间中接近的点映射成另一个空间中接近的点。想要达到辽宁前清建筑文化遗产区域整体保护的连续性，就要建立区域整体的连续系统。通过借鉴美国遗产区域保护的做法，再与我国实际情况相结合，辽宁前清建筑文化遗产区域整体保护的连续系统应该包括展示系统、解说系统和支持系统。

拓扑空间一般都是分层次、分尺度的，并且有基本群的结群特性。辽宁前清建筑文化遗产区域也应该按遗产区域、城市、遗产群、遗产点、文物建筑五个层次进行保护。遗产群就是把辽宁前清相关历史和文化背景的建筑文化遗产串连起来，进行结群，形成遗产群。在上述的四个系统（交通系统、展示系统，解说系统和支持系统）中，一般都具有多个尺度，比如交通系统包括区域的整体交通组织，各个城市的交通组织，各遗产点的交通组织，遗产内部的交通组织四个尺度；展示系统和解说系统包括区域的整体展示和解说，遗产群的展示和解说，各遗产点的展示和解说，文物建筑的展示和解说四个尺度。

5.3　辽宁前清建筑文化遗产区域的整体保护模式

辽宁前清建筑文化遗产区域由于涉及的建筑文化遗产较多，是一个形式多样的，有一定文化背景下的系统。传统的文化遗产保护方法，已经满足不了遗产区域这种大型、大尺度遗产类型的深入研究。本研究运用拓扑学的理论与方法对辽宁前清建筑文化遗产区域进行了五个保护层次的划分，并在遗产区域中划分四个保护系统，形成了 FLFS（five levels，four systems）立体交叉式的保护模式，如表 5.1 所示，以此完成对这种大型遗产类型的整体保护。

表 5.1　辽宁前清建筑文化遗产区域 FLFS 立体交叉式保护模式

系统＼层次	区域	城市	遗产群	遗产点	文物建筑
交通系统	√	√		√	√
展示与标识系统	√		√	√	√
解说系统	√		√	√	√
支持系统	√	√	√	√	√

5.3.1　保护层次的划分

　　根据拓扑学分层次的特性，在辽宁前清建筑文化遗产区域的保护中，同样应确定遗产区域的保护层次，然后就可以根据不同的保护层次，正确地选择恰当的保护方法。辽宁前清建筑文化遗产区域可分为"区域—城市—遗产群—遗产点—文物建筑"五个层次。

　　（1）区域

　　辽宁前清建筑文化遗产区域的保护是整体性的区域保护，关键问题是要保护能反映前清文化特色的整体建筑历史区域，建立区域的历史性保护优先次序，确定保护层次，确定由于发展压力而受到破坏威胁的建筑文化遗产，制定保护、恢复及增强这些遗产资源的发展策略等等。具体保护方案是要确定辽宁前清建筑文化遗产区域在整体区域层次上建立的交通系统，展示与标识系统、解说系统和支持系统。

　　（2）城市

　　辽宁前清建筑文化遗产区域的保护涉及辽宁省境内的 11 个县市的 25 处建筑文化遗产点，所以要从这些城市整体的角度来认识区域保护问题，从城市整体的高度来采取保护措施。其重点是要保护前清建筑文化遗产的传统格局、历史风貌和空间位置，不能随意改变建筑文化遗产依存的自然景观和历史环境。具体保护方案是要确定辽宁前清建筑文化遗产区域在各个城市层次上建立的交通系统和支持系统。

　　（3）遗产群

　　遗产群是在辽宁前清建筑文化遗产区域保护中需要建立的新概念，它是指在区域保护中应用关联性研究方法，可以把相关历史和文化背景的建筑文化遗产串连起来，形成遗产群，架构遗产群保护层次，较完整和真实地体现遗产区域某一历史主题的集中成片、成组的建筑文化遗产。具体保护方案是要确定辽宁前清建筑文化遗产区域在遗产群层次上建立的展示与标识系统、解说系统和支持系统。

（4）遗产点

辽宁前清建筑文化遗产区域的 25 个具体建筑文化遗产就是本区域的遗产点。可以在不改变原状的原则，"原址、原状、原物"，保存建筑文化遗产原来的位置、原来的形象，目的是保存全部历史信息。具体保护方案是要确定辽宁前清建筑文化遗产区域在遗产点层次上建立的交通系统、展示与标识系统、解说系统和支持系统。同时，在遗产点的保护层次中，还应该有针对具体遗产点的保护规划方案。作者已经完成东京陵、东京城、前所城的保护规划。因篇幅所限，本书以东京陵为例，呈现遗产点的具体保护规划方案。

（5）文物建筑

文物建筑指的是每个建筑文化遗产点内部的具体建筑物或构筑物，比如山门、城墙、钟楼、大雄宝殿等。文物建筑应采取保存、加固、复原、重建四种保护措施。具体保护方案是要确定辽宁前清建筑文化遗产区域在文物建筑层次上建立的交通系统、展示与标识系统、解说系统和支持系统。同时，在文物建筑的保护层次中，还应该有针对具体遗产点的文物建筑保护修缮方案。本书以东京陵中的舒尔哈奇陵为例，呈现文物建筑的具体保护修缮方案。

5.3.2　保护系统的划分

辽宁前清建筑文化遗产区域的保护首先应着重于整体区域的保护，从全局角度出发对区域进行整体保护，对区域内的每一个建筑文化遗产的保护也必须是从整体区域着眼，纳入到区域整体的保护模式之中。从辽宁前清建筑文化遗产区域的空间上进行分析，整个区域的保护主要由四个系统构成，分别为交通系统、展示与标识系统、解说系统和支持系统。根据拓扑学分尺度的特性，这四个系统按照五个保护层次分不同的尺度进行保护规划。

（1）交通系统

根据辽宁前清建筑文化遗产区域的整体保护模式，在交通系统中，有三个尺度的规划。应该先规划整体区域层次的交通系统，然后规划城市层次的交通系统，再具体到遗产点层次的交通系统。交通系统的规划相当于为区域构建起来了交通联系的骨架。由于辽宁前清建筑文化遗产区域跨越的城市和地区较多，因此，区域层次的整体交通系统是从区域层次公路出发，规划了公路交通系统到达每个城市；城市层次的交通系统主要是公路交通系统的规划；遗产点层次的交通系统主要是考虑到参观者的游览线路规划了遗产点地区的游步道。

（2）展示与标识系统

辽宁前清建筑文化遗产区域的展示系统首先确定以"前清文化"为核心的主体地位，其构建尺度是在"区域—遗产群—遗产点—文物建筑"的层次上建立展示系统格局。遗产群是利用区域的四条历史主线（前清建城、前清建陵、前清战争、前清宗教）划分。在遗产点和文物建筑的展示中，主要是要通过多样性的方法针对建筑文化遗产本体进行保护展示。在建立展示系统的同时，构建辽宁前清建筑文化遗产区域整体标识系统，通过标识的色彩、形态、材质、机理与建筑文化遗产和历史环境相结合，以达到传递信息，并建立与整体区域保护系统的联系。辽宁前清建筑文化遗产区域的展示系统和标识系统要具有整体性、连续性、关联性、空间性这四个特性。

（3）解说系统

解说系统本身也是展示与标识系统的一部分，但由于其在遗产区域中所起到的重要作用，通常单独被作为一个系统进行规划。辽宁前清建筑文化遗产区域本身是一个由共同主题统一起来的整体，因此应该建立独立于单个遗产点和行政边界以外的整体解说系统。这个解说系统的关键是通过将历史现象与可见的建筑文化遗产结合从而强化遗产区域的独特特色，同时，利用大量核心历史和建筑文化遗产资源，建立多解说线路或多中心的模式。辽宁前清建筑文化遗产区域的解说系统应包括区域整体解说、遗产群解说、遗产点解说和文物建筑的解说。

（4）支持系统

辽宁前清建筑文化遗产区域涉及建筑文化遗产点众多、关系复杂，因此为了整体保护的有效性和完整性，克服系统运行过程中可能出现的种种困难，系统自身必须具有强大、完善的支持系统。支持系统是相对于辽宁前清建筑文化遗产区域的整体及其保护系统而言，它是围绕保护系统而存在于整系统内外，为整个系统的生存和发展不断地进行各种物质、能量和信息交流，并提供达到系统理想状态所需的各种资源和条件。辽宁前清建筑文化遗产区域支持系统包括制定相应的法律制度、管理政策、市场经济运作、深化公众参与机制等内容。

遗产区域的遗产点大多是分散在各个地区的建筑文化遗产，本书的保护突破地域的限制，引用拓扑学的理论与方法指导整体保护方案，采用 FLFS（five levels，four systems）立体交叉式的整体保护模式有效地解决了不同类别建筑文化遗产与周边自然、人文环境的融合问题，体现了整体保护的原则性与针对性。与国内同类保护相比较，这次保护在与区域结合的紧密性、遗产类别的多样性、空间分布的分散性，以及保护规划的层次性方面都有极大的突破，体现了创新精神，强调遗产区域中建筑文化遗产保护的整体性和可能性，从可操作性的角度，理智地处理保护与发展的关系。

5.4　遗产群的概念

建立遗产群的概念，主要是在区域保护中应用关联性研究方法，把有相关历史和文化背景的遗产点串连起来，完整和真实地体现遗产区域某一历史主题的集中成片、成组的建筑文化遗产，形成遗产群，架构遗产群保护层次，最终实现对遗产区域系统化、整体化的保护。

关联性的定义在词典中的解释：组织体系的要素，既具有独立性，又具有相关性，而且各要素和体系之间同样存在这种"相互关联或相互作用"的关系。任何事物都无时无刻不与其他事物发生着关联，普适的关联性研究有历时性研究方法和共时性研究方法，具体到区域保护领域来说，历时性就是纵向历史时间顺承，研究区域的文化历程、文化遗产的历史演变及它们之间的关系；共时性就是横向对比分析，研究文化遗产、自然环境和历史环境及其与当时的文化空间结构之间的关系。在区域保护中采用关联性研究中的历时性研究方法，就是把遗产区域内的所有文物建筑根据历史时间顺序，研究所有文物建筑的历史脉络，把握其演变过程，找出遗产区域内相关文物建筑的历史、文化的关系，并把这些文物建筑的历史和文化内涵串连起来，将文化与自然要素重新整合，构成区域尺度上价值无限的"文化链"。

辽宁前清建筑文化遗产区域涉及了 25 个建筑文化遗产点，这些遗产点除了在地理上分布在辽宁省境内的 11 个市县，还与区域主题"前清文化"相关联的有四个历史主线。根据这四个历史主线（前清建城、前清建陵、前清战争、前清宗教），按照遗产历史脉络和空间聚集性，在遗产区域里根据历史主线划分遗产群层次，将遗产区域分为四个不同的遗产群，如表 5.2 所示。

表 5.2　辽宁前清遗产区域的遗产群构成

编号	遗产群	涉及遗产点	数量/处
1	前清建城	沈阳故宫、永安石桥、清柳条边遗址——沈阳段、盛京城址、赫图阿拉城、萨尔浒城、界藩城、清柳条边遗址——抚顺段、东京城城址、九龙山城、清柳条边遗址——锦州段	11
2	前清建陵	清福陵、清昭陵、清永陵、东京陵	4
3	前清战争	松杏明清战场遗址、辽东边墙、兴城古城、中前所城	4
4	前清宗教	实胜寺、慈恩寺、清真南寺、北塔法轮寺、南塔、东塔	6

在遗产区域的关联性研究下提出的广义的保护观念是将遗产系统作为保护对象进行规划和管理，是众多文物建筑后隐藏的种种文化现象和生活方式的再现与保护。从以往的保存或展示偏重以"点"——文物建筑为中心的观点，而转向以"整体"——遗产区域为中心的保护及展示观点。综合研究遗产区域整体的价值要远大于单个文物简单叠加，通过对于遗产区域关联性的研究，从区域保护的宏观角度，考虑遗产群层次的保护，可以使这些建筑文化遗产的文化价值得到充分的认识和发掘。

第6章 辽宁前清建筑文化遗产区域交通系统

随着辽宁省对前清历史遗产保护的重视，相关地区的交通现状和发展都已无法满足其要求，历史遗产区域整体的挖掘与保护也得到了更广泛的关注，形成了更大的交通流量，这将是对各个遗产节点、遗产所在的城市和整个辽宁省交通系统的一次考验，也是提升该地区交通组织的一次机遇。

因此，应针对遗产点各自的特征，制定相应的交通政策，通过交通路线、交通设施等规划，保障与历史遗产所相关的交通需求，交通合理、交通畅通及有序。我们将整个辽宁前清历史区域遗产保护分为三个层次来研究：遗产区域的交通系统总体布局、相关城市的交通体系规划及具体遗产点的交通规划。

6.1 交通系统的组织策略

6.1.1 交通系统的理论基础

遗产区域是一种大尺度遗产保护的方法，着重强调的是对历史文化遗产价值的综合认识，其交通组织也是大范围的一种交通衔接，通过合理的交通组织增强遗产区域的价值，解决所面临的问题。

连通度和通达度是交通系统重要的拓扑特征。这种连接关系构成了交通系统的整体拓扑特征。交通系统的设计是一个全局性的问题，交通系统不仅起到联系城市外部空间的作用，而且还是建筑文化遗产与城市空间联系的纽带。交通系统结构是在公共交通系统的分层级和分尺度的拓扑关系中构造生成，这样既保证了交通系统的可靠性，同时也保证了交通系统的实体可达性。

交通系统的密度大小取决于交通网络的结构而不一定取决于该地区的便利程度。其中连结度和通达度是衡量交通网络结构的标准。可以用设想的交通网络图来说明连接度与通达度这两个概念，如图6.1所示。

（1）连接度

连接度用来说明交通网络的发达程度，有多种表达方式，多数情况下采用的是贝塔指数来计算和比较。其公式为

$$\beta = E/V$$

式中，β 代表交通网的连接度；E 代表交通网中边的数量；V 代表交通网中点的

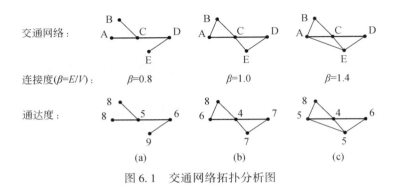

图 6.1　交通网络拓扑分析图

数量。$\beta>1$，为回路网络，交通条件较好；$\beta<1$ 为树状网络，交通条件较差。图 6.1 中（c）的连接度最好，（a）的连接度最差。

（2）通达度

通达度可以用来衡量交通网络中点间相互移动的难易程度，可以用通达指数和分散指数来衡量。通达指数是交通网络中从一个点到其他所有点的最短路径；分散指数是用来衡量交通网络系统中总的通达程度与联系水平。

分散指数越大，说明网络内部联系水平越低，通达性越差。图 6.1 中（c）的通达性最好，（a）的通达性最差。

6.1.2　区域交通一体化

区域交通一体化可以实现交通运输系统内部的一体化，还能形成交通运输系统与外部系统的一体化。在一体化过程中应遵守其具体准则、选择合适的方案。

（1）实施准则

第一是保持协调：包括交通需求、交通供给和区域发展之间的协调，能够保证整个区域交通符合区域经济的发展要求。第二是保证区位：区域的交通运输能够通过最少的时间、距离和成本来实现区位的迁移；通过区位的合理安排，最大程度的实现高效率、实现经济的高度聚集。第三是优质服务：通过服务实现各种交通运输方式的通达性、机动性、优质性等等。第四是合理消费：包括旅游、参观、休闲等诸多要素，他们是区域交通中直接消费的部分。

（2）方案模型

按照交通一体化实施准则，可找出建立区域交通一体化的方案模型：首先要确定交通聚集的重点区域；通过该区域的不同需求，进而确定本区域的交通功能定位，辐射范围等；对区域内不同方面的现状进行分析，提出合适的交通整合方案，选择合适的交通方式；实现交通基础设施的进一步提升。

实现各种交通资源的合理协调，整个区域交通的统筹安排，区域交通与区域其他资源的相互发展，形成完整的区域交通一体化。

6.2 交通系统的空间布局

6.2.1 交通组织模式

辽宁前清建筑文化遗产区域交通系统的组织模式可以分为大尺度、中尺度和小尺度三种，将分别采用不同种类的交通组织方式来实现。如图 6.2 所示。

辽宁省前清建筑文化遗产区域所涉及的范围包括沈阳、抚顺、锦州、辽阳、本溪、葫芦岛等城市，尺度区域形成了中等距离的范围，根据区域交通组织模式的划分其交通组织模式主要为陆地运输，以铁路和公路为主。

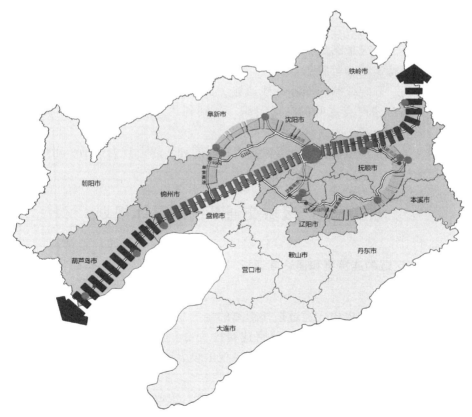

图 6.2 辽宁前清建筑文化遗产区域轴线图

中尺度区域的交通方式组织与其空间特征相关，运用点—轴发展模式的理论，将辽宁省的 25 处前清建筑文化遗产通过东北–西南交通干线连接起来，形成主要交通轴线，在轴线的南北两侧分别由两个半弧形交通干线形成了次要交通轴线。

6.2.2　交通运输方式

由于遗产区域的特殊性，辽宁省前清遗产点散落在不同城市，且并不一定分布在有轨道交通的地方，所以应以公路组织为主。根据公路运输的优势及本省公路运输网的优势地位，可以选择以下几种公路运输方式：

第一种是城际专线运输：将辽宁省的前清区域遗产点连接形成几条专线，将城市与城市联系起来。车辆按固定的时间行驶，按时发车和到达，在专线上的遗产点处设置专属站点，实现客运的流通。

第二种是专车运输：为满足一些团体对遗产点的特殊需求，而形成的单独预定方式，由专属车辆为之进行定时、定点的服务，并收取特定的费用。这种运输形式可根据不同情况来满足客运的特殊需求，实现遗产点之间的灵活转换。

第三种是特定的客运服务：这种综合运输方式，包含了以上两种运输形式，既有固定时间、固定线路的城际专线运输，也有专为满足某些团体的专车运输。这种服务更适合遗产点之间的交通组织，达到到达多点、多点到达和点对点的目的。

第四种是私家车运输：这种运输方式在时间和线路上较为灵活，可以实现点对点的运输。

6.3　遗产区域交通系统的具体规划

6.3.1　遗产区域的连接度和通达度评析

（1）连接度

基于拓扑理论的思想，通过拓扑距离的主导思想和地图制作软件 MapInfo 进行查询和分析，辽宁省的总体的公路连接度为 2，已形成了较为发达的回路网络。整个辽宁省的公路连接度较高，且呈现出较为均衡的空间格局，体现了公路交通的发达和便利。

遗产区域主要以公路网络连接数量为基础，选取遗产点所在的 6 个城市为中心，构建交通网构架。6 个城市的一个单元中平均网络连接指数初步形成了树状交通网络结构，其中沈阳的连接指数最高，形成的交通网络连接度示意图如图 6.3 所示。

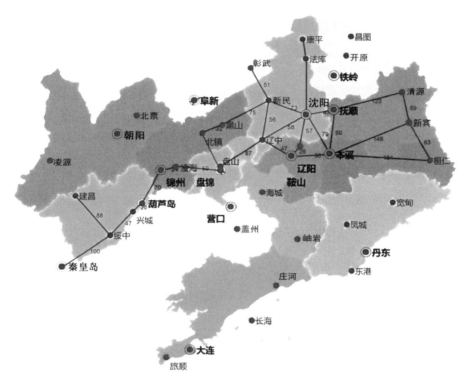

图 6.3　遗产区域交通网络连接度示意图

（2）通达度

通达度用来衡量区域中城市与城市之间相互联通的便利程度，主要用距离和时间来衡量，遗产点之间的最短距离是衡量通达度的有效方式。

遗产区域的距离通达性呈同心圆结构，通达性最高的城市主要集中在中部地区，以沈阳为核心，向外辐射，随着空间距离的逐渐增加，通达性水平逐渐降低。

遗产区域的时间通达性也呈现同心圆结构，网络相对稳定，通达性由中心层向外层逐步降低，其中通达性最明显的地方是一区两市。一区指的是辽河平原，两市分别指的是盘锦和辽中，且省会沈阳的通达性也相对较高。

6.3.2　遗产区域的交通线路规划

以辽宁省前清区域遗产东北–西南交通主轴和两个半弧的交通次轴为基础，根据图 6.3 中六个相关城市的基本线路，形成遗产区域的初步网络。依据盘锦、辽中两个城市通达度较高的特点，将两个城市作为遗产网络的主要枢纽。形成以省会沈阳为中心、以盘锦、辽中两座城市为联通枢纽的两条交通遗产线路。

最终形成以高速公路、国道、省道三种类型的道路为主要线路的遗产交通系统如图6.4所示，两条交通路线分别以省会沈阳为出发点，到达各遗产点所经过的线路如下：

①沈阳市区$\underline{\text{丹阜高速}}$清柳条边遗址——沈阳段$\underline{\text{G102、S304}}$辽东边墙、柳条边遗址——锦州段$\underline{\text{阜营高速、京哈高速}}$松杏明清战场遗址$\underline{\text{京哈高速}}$兴城古城$\underline{\text{京哈高速}}$中前所城$\underline{\text{京哈高速}}$沈阳市区。

②沈阳市区$\underline{\text{沈海高速}}$东京陵、东京城城址$\underline{\text{辽中环线高速、丹阜高速、本桓线}}$九龙山城$\underline{\text{铁长线、沈通线}}$赫图阿拉城、清永陵$\underline{\text{抚通高速、台上线}}$萨尔浒城$\underline{\text{抚通高速、沈吉高速、英仁线、开草线}}$清柳条边遗址——抚顺段$\underline{\text{沈吉高速、G202}}$界藩城$\underline{\text{G202、沈吉高速}}$沈阳市区。

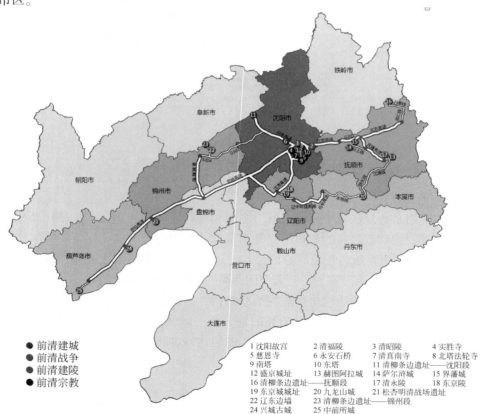

● 前清建城
● 前清战争
● 前清建陵
● 前清宗教

1 沈阳故宫	2 清福陵	3 清昭陵	4 实胜寺
5 慈恩寺	6 永安石桥	7 清真南寺	8 北塔法轮寺
9 南塔	10 东塔	11 清柳条边遗址——沈阳段	12 盛京城址
13 赫图阿拉城	14 萨尔浒城	15 界藩城	16 清柳条边遗址——抚顺段
17 清永陵	18 东京陵	19 东京城城址	20 九龙山城
21 松杏明清战场遗址	22 辽东边墙	23 清柳条边遗址——锦州段	24 兴城古城
25 中前所城			

图6.4　辽宁前清建筑文化遗产交通系统规划

6.4　城市交通系统的具体规划

城市交通系统规划的指导思想，是以增强遗产点的整体吸引力为主，培育城市历史遗产方面的综合活力，加强交通连接性，增强遗产点对人群的吸引力，在此前提下实现城市建设和遗产区域开发的综合一体化，在软、硬件两方面实现共同发展。

辽宁前清建筑文化遗产区域包括六个相关城市：沈阳市、抚顺市、辽阳市、本溪市、锦州市、葫芦岛市。沈阳市是辽宁前清建筑文化遗产最为密集的城市，也是辽宁省的省会城市，是主要的交通系统规划城市。

6.4.1　沈阳市遗产点的空间布局

沈阳的城市空间布局根据其遗产区域的分布及其重要程度，形成了一个中心、两条轴线的布局结构，如图 6.5 所示。

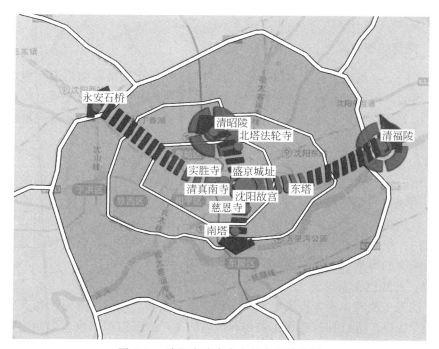

图 6.5　沈阳市遗产点空间布局结构图

（1）两条轴线

主轴的布局旨在构筑城市遗产区域发展的主要方向与路线。东西向主轴线是沿沈阳市的东西快速干道形成的交通廊道，涵盖的遗产点主要有永安石桥、实胜寺、清真南寺、沈阳故宫、东塔、清福陵。南北向副轴线是沿黄河南大街、大南街、南塔街等干道所形成的交通廊道，涵盖的遗产点主要有清昭陵、北塔法轮寺、盛京城址、沈阳故宫、慈恩寺、南塔。

（2）一个中心

两条主轴在沈阳故宫遗产区域交叉，中心的布局旨在强化沈阳市遗产区域的集聚、辐射功能。沈阳故宫是中国现存仅次于北京故宫的最完整的皇宫建筑，位于沈阳市沈河区明清旧城中心，是世界文化遗产，故宫建筑群保存较为完整。沈阳故宫是沈阳市前清建筑文化遗产中最为重要的一处，也是地理位置较为重要、居于中心的一处。故宫这一遗产中心的形成将加强此地的重要性，巩固其城市中心的地位。

（3）两个特色区

两个特色区分别以清福陵、清昭陵两处世界级遗产保护区为主而形成，保存都较为完整。两个特色区的布局重点构筑了各自遗产区和周边发展，以及形成新的城市发展格局。

6.4.2　交通组织方式

城市的交通组织方式大多以陆地交通为主，由于沈阳市的前清遗产点散落在不同区域的不同地段，具有特殊性，在陆地交通中不易采用轨道交通，应选择公交、巴士等地面交通运输方式，用来完成方便快捷的运输任务，实现人群的短时间分流与集聚。

（1）公共交通系统

采用以公共交通为主的交通方式，将沈阳市的遗产区域分布在不同的线路网上，利用现有的路网，形成固定时间、固定线路的网络，实现遗产区域的全覆盖。注重道路的公交专用线的覆盖程度，在道路较为混乱的地段应强化公交专用线的使用，使道路更为畅通。通过公交枢纽站点，可以在不妨碍现状交通的情况下实现乘客的换乘，方便不同方向的交通衔接。

（2）专线巴士系统

专线巴士能够为乘客提供更为便捷和舒适的服务。沈阳市的整个遗产区域可以依托专线巴士进行相互连接，把相同性质的遗产区域组织起来。要制定特定的营运时间和路线，让时间更为灵活，线路走向更为快捷，沿线的景观环境更优美。还要成立相应的集散中心，更好的组织和管理遗产区域的巴士专线系统。

（3）私家车、的士运输系统

这种运输方式在时间和线路上都比较灵活，可以实现遗产点对遗产点之间的快速往返。

6.4.3　基础设施布局

（1）公交枢纽站点

在沈阳故宫南侧建立公交枢纽站点，实现遗产区域的衔接，让游客在此换乘，使其成为集散中心，让整个遗产区域的公交体系能正常运转。

（2）停车体系

由于公共场所存在着停车问题，配建的停车场不足，将会对社会道路产生影响，加剧社会停车和道路的资源紧张情况。针对这一问题在各个遗产点提高公共停车和建筑物配建停车供应，采用的方式主要有路面停车、机械式停车、合理利用周边零散的地区停车，如表6.1所示。

表 6.1　遗产点公用停车场

遗产名称	停车方式	停车类型	建设程度
沈阳故宫	地上机械	路外	新建
清福陵	地上平面	路外	已有
清昭陵	地上平面	路外	已有
实胜寺	地上平面	路内	已有
慈恩寺	地上平面	路外（利用南侧空地）	新建
永安石桥	地上平面	路外	新建
清真南寺	地上平面	路外（利用省博物馆的停车场地）	已有
北塔法轮寺	地上平面	路外	已有
南塔	地上平面	路外	已有
东塔	地上平面	路内	新建
盛京城址	地上平面	路内（利用西北侧乐购的停车场）	已有

6.4.4　路网的选择与优化

（1）路网类型的选择

根据沈阳遗产区域的空间轴线布局结构，路网大体按照轴线方向布设，但是，由于遗产点的分布较为分散，路网也应灵活布置。根据不同地形和交通的需要采用以环形放射型路网为主的路网类型，放射式的路网联通市区与外围，环形的路网能连接城市不同方向的区域，避免交通向市区中心的过度集中，同时也可以解决过境的交通流。路网采用直线与曲线相结合的方式，能够充分的适应地形。此外还采用以自由式为辅的路网结构，将市区与外围遗产点及相邻的遗产点进行快速连接，沿风景较好的地段设置线路，形成更为灵活、便利的交通，丰富的路网也带来了变化多样的景观效果，形成了良好的城市环境。

（2）路网的优化

为保障遗产区域与整个城市的综合协调发展，应对其周边的道路进行合理的布局。通过规划、管理等方面进行统筹，避免对城市主次干道造成影响，并且加强支路的使用效率，保证道路的通畅，如表 6.2 所示。

表 6.2　遗产点周边路网优化

遗产名称	周边路网等级	路网优化
沈阳故宫	次干道	对次干道进行交通管制，对过境交通进行调流
清福陵	主干道	利用内部的停车场集聚车辆，减少对干道的影响
清昭陵	次干道	减少次干道行车流量的形成利用内部的停车场集聚车辆，减少对干道的影响
实胜寺	支路	适当拓宽部分地段的支路宽度，利用扩宽部分形成路内停车
慈恩寺	支路	利用新建的停车场集聚车辆，保证支路的顺畅
永安石桥	乡道	利用新建的停车场集聚车辆，在附近新建其他桥梁以减少永安石桥的交通流量
清真南寺	次干道	利用周边的停车场集聚车辆，减少对干道的影响
北塔法轮寺	支路	利用已有的停车场集聚车辆，保证支路的顺畅
南塔	次干道	利用路外的停车场集聚车辆，减少对干道的影响
东塔	次干道	适当拓宽部分地段的支路宽度，利用扩宽部分形成路内停车
盛京城址	主干道	利用周边的停车场集聚车辆，减少对干道的影响

6.4.5　交通线路的组织

1. 公交线网规划设计

沈阳市目前采用多复线、少换乘的公交运营模式，虽然方便居民出行，能提高可达性，但随着对历史遗产点的保护、开发，若仍只为了追求高直达率而不断增加新线路，不区分主次线路，就会给城市交通造成巨大的压力，不利于资源的整合。因此，按照公交线网优化的分层规划方法，沈阳市主城区的公交线网优化应主要从以下两方面考虑。

（1）线路分层

按照区域整合，"先主后次、先粗后细"的思路，将线网中 11 个历史遗产点依次分成四个组团。建立四大片区（即西北部、东北部、南部、北部）间的联系通道，构成遗产区公交的主骨架，形成自东向西的一条主干道，这是第一层面的道路，也是最重要的联系道路，它们把四大片区有机地连为一体。因此，应布设成快速、方便的交通走廊。

（2）逐层逐次进行规划

建立遗产点之间的公交联系通道：西北部遗产点为永安石桥、实胜寺、清真南寺；东北部遗产点为清福陵、东塔；南部遗产点为南塔、慈恩寺；北部遗产点为清昭陵、北塔法轮寺、盛京城址。且四大片区在沈阳故宫交汇。这样布设完成后，公交线路分层成网，全市各遗产点都被有机地联系在了一起，如图 6.6、表 6.3 所示。

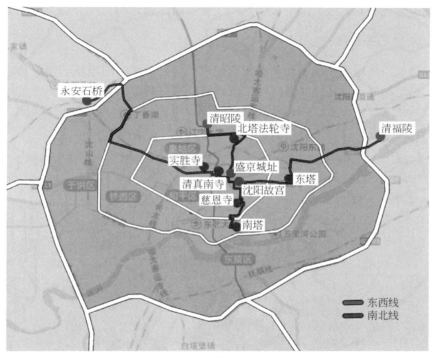

图 6.6　沈阳市遗产区域公交线网图

表 6.3　遗产区域公交线网表

公交线	始发站	途径线路	终点站
西北线	沈阳故宫	（沈阳路、西顺城路、小西路、奉天街）清真南寺（南清真路、小西路、市府大路、和平北大街）实胜寺（和平北大街、市府大路、北一路、重工北街、沈马线）	永安石桥
东北线	沈阳故宫	（正阳街、南顺城路、东顺城路、大东路、长安路）—东塔—（东塔街、和睦路、新东一街、东陵路）	清福陵

续表

公交线	始发站	途径线路	终点站
南线	沈阳故宫	（正阳街、南顺城路、大南街、大南街龙凤寺巷、大南街大佛寺巷）—慈恩寺—（大南街、若寺巷、东滨河路、小南街、文化路、南塔街、文萃路）	南塔
北线	沈阳故宫	（沈阳路、西顺城街）—盛京城址—（广宜街、小北关街、泰山东路）—北塔法轮寺—（泰山东路、北陵大街）	清昭陵

其中西北和东北线共同形成了东西线路，南线和北线共同形成了南北线路。

2. 专线巴士线路

根据遗产区域类别的不同将沈阳市的遗产点分为前清的建城、建陵和宗教三类，根据三类遗产设定三条特定的巴士线路。成立相应的集散中心，尽量使线路便捷且沿景观要素布置，避让较拥堵的道路，提高路线的可行性，如图 6.7、表 6.4 所示。

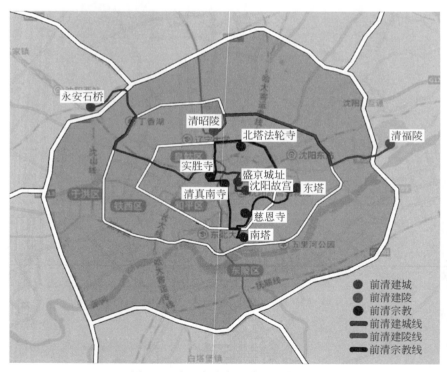

图 6.7　沈阳市遗产区域巴士线网图

表 6.4 遗产区域巴士线网表

专线巴士	始发站	途径线路	终点站
前清建陵线	清昭陵	（泰山路、陵东路、金山路、观泉路、高官台街、东陵路）	清福陵
前清建城线	沈阳故宫	（沈阳路、西顺城街）盛京城址（广宜街、哈尔滨路、北一路、重工北街、沈马线）	永安石桥
前清宗教线	东塔	（长安路、傍江街、北海街、崇山东路）北塔法轮寺（崇山东路、北陵大街、青年北大街、北三经街）实胜寺（和平北大街、市府大路）清真南寺（奉天街、风雨坛街、五爱街、文化路、南塔街）南塔（南塔街、文化路、小南街、东滨河路、小河沿路、长安路）	东塔

6.4.6 其他城市的交通系统

辽宁省的一些其他城市也拥有前清遗产点，包括本溪、抚顺、葫芦岛、锦州和辽阳等，其城市内部也可以用交通将遗产点联系起来，如表 6.5 所示。

表 6.5 其他城市交通线路表

城市	交通组织示意	道路	遗产点
本溪		丹阜高速 S305	九龙山城
抚顺		沈吉高速 抚通高速	清柳条边遗址——抚顺段 界藩城 萨尔浒城 清永陵 赫图阿拉城

城市	交通组织示意	道路	遗产点
葫芦岛		京哈高速	兴城古城 中前所城
锦州		京哈高速 阜营高速 G102 S304	清柳条边遗址——锦州段 辽东边墙 松杏明清战场遗址
辽阳		沈海高速 辽中环线高速	东京陵 东京城城址

6.5　遗产点交通系统的具体规划

从整体上看，由于我国目前正处于发展阶段，城市化进程步伐较快，再加上对于经济发展的盲目追求，导致对建筑文化遗产内部交通问题缺乏认识。建筑文化遗产点内部由于关注度不足、保护力度不够，大多较为混乱，不能形成一定规模的体系，交通不通畅，存在较多问题。加之小汽车数量迅速增长、基础设施不能满足交通需求等因素导致交通状况严重，人与车相互干扰，破坏街区的风貌、造成环境的不和谐。

当前一些发达国家对建筑文化遗产点的交通组织主要包括：遗产点地区的原有风貌；内部的道路线形的布置和道路的拓宽都将采取论证；在街区内部采用步行、自行车为主的交通方式；为避免机动车进入带来的影响，禁止机动车的进入或限制其通行的地段，发展不同的交通方式以实现良好的衔接。我国目前还处于探索阶段，正尝试接受一些保护的理念，努力创造适合自己国家的街区交通改善方法。

6.5.1 遗产点的交通现状问题

遗产点内部的道路主要以支路或乡村道路为主，且道路密度较大、等级不高、功能不明确、机动车与非机动车混行，通行率不高，所产生的问题主要表现在以下几个方面。

1）交通区位处于弱势地位

遗产点地区大多处于老旧城区，而这个地区是城市曾经的发展中心，人口密度较大，对其改造的相关因素较多、成本较高，所以大多数城市都另辟蹊径，大力发展新建城区，将城市重点从老旧城区转移到新城区。新城区的发展配有现代化的交通工具，为地区的发展提供了充足的空间及完善的设施，而老城区较为混乱的格局无法提供必要的交通组织空间，最多只能到达老城区的外围地段，造成该区域的发展停滞不前。

2）交通基础设施滞后

（1）道路的可达性低

遗产点街区道路等级不明确且道路用地不足，宽度较窄且系统性差，道路的发展与遗产点的保护存在矛盾。

（2）道路的通行能力差

遗产点街区的道路易造成机动车和非机动车混行，使得交通十分混乱，并且由于其较弱的通行能力，公交系统无法深入的到达，也在一定程度上影响了该地区的通行能力。

（3）停车场地缺乏

由于遗产点地区建筑物的不可移动性和道路的可达性低、通行能力差，使得停车设施供应严重不足，只能通过路内停车的方式来解决，且有些停车场地存在着占用人行道的情况，给行人带来不便。

3）交通组织混乱

（1）各种交通方式相互干扰

遗产点街区形成年代较早，其道路大多只能满足一种行车方式，其功能较为简单，随着当今交通方式的增加和交通量的剧增就出现了机非混行的问题。

（2）交通发展与居民活动相互矛盾

遗产点区域的道路不仅承载着车辆通行的功能，还是当地居民生产、生活、娱乐等活动的场所，机动车的进入破坏了当地居民原本宁静的生活，造成了人和车之间的矛盾。

（3）慢行交通系统缺失

慢行交通是遗产点区域人们出行的最主要方式，包括步行和非机动车交通出行，虽然慢行交通的出行速度较低，但由于居民出行方式较为多样且对休闲和健身的要求逐渐提高，使得慢行交通具有广泛的人群基础，不过遗产点区域缺乏慢行交通道路系统，无法满足居民需求。

6.5.2　交通系统规划的理念

（1）道路分流明晰

历史遗产点街区存在诸多交通问题，采用慢行交通的方式可以有所缓解，原则上不应对道路进行大拆大建、进行单纯的拓宽，不应过多的引入机动车，而是应该在原有道路的基础上进行适当的维护、更新，对道路进行分流，合理规划非机动车与人行的流通，实现道路的和谐。具体实施过程中可以采用内部非机动车与外部机动车相衔接的方式来实现，如公交车与自行车的衔接。

（2）尊重历史文化

在发展交通的同时要注重对历史文化的保护，这是对传统的尊重，也是延续城市历史的需要。遗产点街区的道路空间也是历史遗存的一部分，其路网线形和尺度不应轻易改变。交通组织应尽可能的利用原有的道路线网，适应人们的交通习惯，通过对道路现状的分析找到存在的问题和解决的方法。但现实中经常会遇到需要改变原路网的情况，这时应进行论证，在保护遗产点的基础上进行改变。

（3）注重绿色交通

遗产点区域进行交通组织的目的是为了实现该区域的健康发展，交通组织不仅要保证道路的通畅性，还应在尊重历史和自然的基础上引入绿色环保的交通设施，为遗产点区域创造一个良好的生态环境，远离城市的喧嚣，净化地区的环境。

（4）注重整体协调

整体协调包括两个方面：一是遗产点内部的交通规划应与城市整体交通规划相统一；二是遗产点内部的交通规划应与其内部的整体风貌相融合。让遗产点在保持传统特色的同时与城市相融合。

6.5.3　交通系统规划的对策

（1）根据交通的发展趋势和对遗产点区域交通发展的要求，制定相应的科学的交通政策，主要包括以下几点：优先发展公共交通，根据遗产点区域的道路特色合理布局多层次的公共交通系统；控制机动车的发展；引入非机动车进入该地区。

（2）优化遗产点地区的道路网，不但要让其适应现代化交通的需求，适应整个时代的发展，还应与遗产点现状相协调，共同发展，并处理好与外界的交通联系。要随着时代的发展不断进步，提高道路的适应性，以满足其未来的发展。而好的规划需要通过严格的执行来实现。

（3）进行科学的交通规划。由于其交通需求的多样性，应充分考虑其内部道路对城市道路网的冲击，优化路网、避免拥堵。遗产点地区的道路交通应与用地进行良好的结合，科学研究交通管理问题，做好交通组织规划，把交通规划与整个城市的建设、规划结合起来，保证科学性、合理性。

6.5.4　交通系统的组织策略

为保证建筑文化遗产点内部的交通组织合理性，可从改善交通组织结构、组织方式和道路空间的设计来指导和规划，为不同的建筑文化遗产点提供相应的规划方案。

1）改善交通组织结构

改善交通组织结构的目的是从宏观层面对遗产点地区进行控制与规划，使其与城市道路网络相衔接，实现内部调流、外部疏散的目的。

（1）完善周边的道路系统

对周边的道路交通进行分流改善，优化路网结构，缓解过境交通的道路压力，引导大多数机动车绕行此地。对于没有过境道路穿越的街区，也应在其周边道路上进行一定的障碍设置，控制机动车的驶入，以此来控制街区内部的交通环境。

（2）发展单向交通

遗产点地区道路较狭窄，经常造成交通的拥堵，有时又不能单纯的采用扩宽的方式，也无法解决停车难的问题，这时可引入单向通行的管理方式。这种方式不仅可以用在城市干道上，也可用在支路上，既可以实现单车道的单向行驶，也可以实现多个车道的单向行驶。当然在运用此方式的同时还应注意道路交通的互相协调，保证城市交通的良性循环，但是单纯依靠此方式并不能从根本上解决该地区的交通问题，只能做到一段时间内的交通顺畅。

（3）开发地下空间

由于地上空间无法满足人们的需要，可以通过对地下空间的开发来增加可用空间。把交通流引入地下，例如有地铁可到达此地或在地下形成机动车的停车场，在地上形成单纯的步行空间。既可满足城市交通发展的需要，也可减少机动车对遗产点地区的影响。充分利用地下空间资源，形成地上空间与地下空间的结合。

2）保障慢行交通

城市发展慢行交通的好处在于：提高道路的资源利用率；占用的空间资源少；是一种绿色环保的交通方式。其保障方式有以下几种：

（1）实现交通一体化

遗产点应注重慢行交通的运用，但慢行交通有其自身的弱势和使用的局限性，因此在发展慢行交通的同时也要注重机动车的运行与换乘。可以建立机动车与非机动车衔接的交通系统，在换乘站设置自行车停车场或电瓶车停靠点，根据距离的远近形成如"公交+电瓶车／自行车／步行"的换乘方式。

（2）完善过街系统

良好的过街系统可以保障行人的步行质量，形成更丰富的步行空间，有助于提高行人的通行率和安全性。由于遗产点街区的路面较窄，过街系统大多采用的是以地上为主、地下为辅的形式。有些内部道路，不适合过街天桥和地下通道，可采用以下几种方式：将人行道路铺设铺装，保持人行道的连续性；设置人行道护栏或隔离，规范行人和机动车的运行规范；合理设置交叉口信号灯的间隔时间。

（3）提升慢行交通的趣味性

根据遗产区内部的不同道路等级，结合其历史文化因素，打造慢行交通。增加行人休憩设施，增设道路名牌、交通标志，对清理出来的公共空间进行充分利用，通过其内部不同风格的小品、铺地、绿地系统等增加趣味性和可识别性。同时也在其内部增加各种不同的功能组织，如购物、餐饮等，可减少内部居民的出行距离。

3）改善交通组织方式

建筑文化遗产点内部交通组织方式主要以慢行交通为主，并合理实现各种交通方式的无缝衔接。外围主要的交通组织方式为之前所提到的公共交通、专线巴士、城市轻轨，内部主要的交通组织方式可依据绿色交通的理念采用电瓶车、自行车、步行等方式，并实现内部与外部的换乘，以减少现代化交通工具带来的干扰。

（1）电动观光车系统

有些遗产点街区范围较大，为了较为方便的联系其内部的各部分，方便不同体质的人群进入其中，提高可达性，保护街区内部的环境等，可引进电瓶车这种交通方式。

我国的石油资源较少，燃油和尾气排放污染是大气的主要污染源，发展电动观光车是未来发展的趋势，其不但具有环保、低能耗的优势，符合绿色交通的要求，而且具有低噪声、维修费低、行驶灵活等优点，这些都是其得以普及的原因。

（2）自行车系统

自行车具有机动车所不具备的优势，在我国自行车具有较悠久的历史，基数较大，具有可实施性，能解决城市的交通和环境问题。

自行车的实际道路通行能力超过机动车，占用的公共设施很少，具有无噪音、无尾气的优势，使得自行车系统得到更多国家和地区的重视。经常采用的方式有：修建自行车专用道，通过政策鼓励使用自行车，用障碍将自行车道单独隔离出来等。

（3）步行交通系统

步行交通系统是城市和谐的标志，能反映城市的文明水平和科学程度，其优势为：能促使临街的商业活动更加活跃，促进经济发展；能给居民带来舒适的出行环境，提升城市的品位；能促进慢行交通的发展，与公共交通合理衔接，形成完整的出行结构；能保持街区的传统风貌，保护历史文化古迹。

4）改善道路网空间设计

（1）注重新老路网结合

道路网络的空间设计要注重新老路网的结合，在延续历史肌理的同时，保证与城市路网的有效衔接，道路的改造要尊重历史和自然条件。

（2）整治道路网

道路网的整治应根据现状决定，或大规模的改建、或稍微的修正。形成合理的流线，可按近远期不同时间段进行分期改造，一些道路需保留、一些道路需修整；一些道路允许机动车通行，一些道路只能步行；一些道路形成单纯的历史文化街区，一些道路形成观光购物街区。对整个街区的出入口进行有计划的设置，不同的出入口有不同的形象设计和不同的交通组织方式，可分别设置自行车停车场和电动观光车停车场等。

（3）道路空间基本模式

遗产点内部的道路空间较为灵活，受地形和遗产点的影响较大，主要将有以下几种模式：

辐射状模式，主要形成于区域内部较重要的一个或一个组团遗产建筑的周边，由各个不同方向的道路空间与之相连，可使路线不重复，不走回头路。

网格状模式，主要适用于区域内部较均匀的分布着多个遗产建筑的情况，由横纵交错的网格状道路空间组成，可达性较高，较灵活。

带状模式，主要适用于区域内部的遗产建筑沿一定带状线路分布的情况，且可以在路线上适当安排休息的地点。形成一条弯曲、迂回的道路，沿线可经过全部的遗产建筑及美景，观赏角度较为自由、视野较宽阔。

环状模式，主要适用于区域内部遗产建筑较为分散的情况，可用环状的道路将诸多点连接起来，可到达全部的遗产点。

5）游步道的使用

遗产点区域内部大多采用的是游步道，可以更加灵活的布设，使其具有自身的优势、特点及设计手法。

（1）游步道的功能及价值

首先，道路系统是区域用地的骨架，游步道具有交通集散功能和引导浏览功能，这是最基本的功能，能起到基本的交通疏散、引导和保护环境的作用。其次，游步道具有空间分割的作用，道路将区域分割成不同的功能区，并将这些功能区合理的连接起来。第三，游步道具有安全保护的功能，其线路的布设应避开危险的地段，保证人群的安全，此外线路也起到了阻隔火灾等危险的作用，对两侧的景观也具有保护作用。

（2）游步道的分类及特点

根据具体的地形地貌，可以将游步道分为以下几种类型：

平地型步道，这种类型运用的范围较广，将步道设计成灵活的曲线或横纵交错的直线，步道上铺设不同材料的铺面，两侧布有多层次的植物，增强线路的观赏性。

台阶型步道，这种类型运用在有高差的区域，在高差地段形成台阶型的步道，且加设扶手，保证人群安全，高低变化的地形可使整个区域变得更加丰富。

栈桥型步道，此类型步道用于水面或虚拟地段的连接，通过分割空间以扩大视觉效果，形成虚实结合的道路空间效果。

（3）游步道设计手法

首先是整体布局：以连接遗产建筑为主，以良好的视觉效果为辅。在整体上形成起点空间、过度空间、高潮空间、收尾空间，实现各空间的有序铺设，与自然相结合。其次是以人为本：游步道应满足人群的身心要求，让人们感到舒适、安全。且在不破坏自然的前提下满足人体工程学，设计合理的座椅、小品、小景观等。第三是动静结合：步道的设计应长短交替，道路太长会让人疲倦，道路太短会影响行走效果，此外要注重细节的安排，每隔一段距离就应设置休息的场地。

6.5.5　东京陵的交通现状问题

本课题以东京陵遗产点为例，阐述建筑文化遗产点交通系统的具体规划。

东京陵位于辽宁省辽阳市太子河区东京陵乡东京陵村的阳鲁山上，沈营公路于其西缘通过，南侧和东侧分别是庆阳街、工人路。东京陵交通现状存在以下几个问题。

（1）街区内部道路错综复杂

东京陵有庄亲王舒尔哈齐、大太子褚英及贝勒穆尔哈齐 3 座陵园，且较为分散。区域内部道路为村庄柏油路，道路错综复杂、没有形成系统、交通不顺畅，道路等级不明确，且没有直接连接 3 座陵园的道路。

（2）道路普遍较窄、路面较差

区域内道路较窄，仅有 2 ~ 7 米的宽度，大多数的道路没有设置人行道，且没有绿化带，一些路面存在破损的情况。

（3）换乘设施不足、缺乏对机动车的管制

区域没有设置公交场站及换乘的设施，无法实施公交换乘步行或公交换乘非机动车的方案，导致了交通及人群的混乱，区域与外围区域的道路交通系统没能实现有机联系。

（4）缺乏对机动车的管制

在沈营公路、庆阳路的节点都未限制社会机动车直接进入区域内部，对内部的交通造成干扰，且机动车随意停放也占用了本来就很拥挤的道路。

（5）缺乏公共交通系统

东京陵仅有三条公交线路能够到达，且均为终点，没有其他的交通方式可以到达，形式较为单一，缺乏有效的分流系统，大量的客流只能集中在公交车上，造成公交的拥挤，环境较差，服务水平不高。

（6）周边环境问题

①地形地貌方面：东京陵周边基本保持原来的风貌，但随着经济发展和对历史遗产点的关注度提高，更多的车辆和人群到达此地，大多数停车场地是由住宅用地和道路用地暂时形成的，对当地环境造成一定影响。此外还新建了许多不符合当地风格的建筑物，与环境不协调。

②乡土环境方面：东京陵区域内居民数量较多，私搭乱建的情况屡见不鲜，并且建筑形式趋于现代，破坏了原有的乡土环境，更为严重的是部分扩大的宅基地侵占了道路空间和文物保护范围，直接危及文物遗存的安全。

③生态环境方面：东京陵 3 座陵园内的松树和其他绿色植被的种植与陵墓气氛比较符合，但穆尔哈奇陵竖立石碑的一进院落内地面杂草较多。周围还有一些

杂乱树枝和石头影响景观。

④基础设施方面：东京陵区域基础设施缺乏，居民生活垃圾随地倾倒，对文物周边环境造成一定污染。此外也缺乏相关的管理措施，约束性差。

⑤周边环境方面：在陵园周边存在很多与环境不协调的设施，舒尔哈奇陵门前直接设置了停车场和饭店，其西侧存在铁路，南侧存在教堂和厂房等等，都与文物建筑整体环境不协调。

6.5.6　东京陵的空间布局

按照东京陵的建设控制地带，区域内保留现有三个陵园的文物建筑和环境格局，使区域得到完整的保护。在整体空间中，合理划分功能结构、选择合理的交通方式、组织适宜的慢行交通体系。使整个区域的建筑特色和历史风貌都能有效的保持及延续。东京陵的空间布局采取以下方式。

（1）结构空间

东京陵的空间布局依据遗产点的分布现状和环境特点，使整个区域形成一个主题，一个中心，主次两类轴线和三个特色区，如图6.8所示。

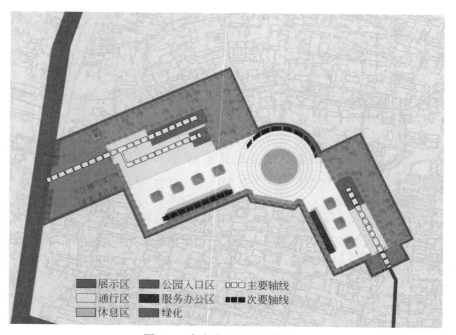

图6.8　东京陵空间布局结构图

一个主题：将东京陵遗产点打造成以前清遗产保护为主题的东京陵公园。

一个中心：以下沉广场作为区域的中心，通过中心将三个遗产点联系起来，并通过开放的广场空间来聚集人群，作为人群的枢纽。

主次轴线：主要轴线是以文物建筑本体展示为主线的三条展示轴；次要轴线是以展示馆、展廊为主线的两条展示轴。

六个特色区：展示区可分为文物建筑本体展示区、展示馆展示区、展廊展示区；休息区主要存在于中间部分，在区域中心点修建下沉广场，可起到聚集人群、提供休闲场所的作用；公园入口区分为西部和南部两个部分，增加了合理的开放空间，西部入口处与干道相连接并提供一定的停车场地，为疏散和换乘提供足够的空间；通行区将所有区域有效的连接起来，对人流起到组织和引导作用。

（2）景观空间

东京陵的建设控制地带内分布有很多不和谐的景观与建筑因素，为形成较好的景观空间应采取以下几种措施：拆除区域内无功能要求的非文物建筑；迁移陵区内与景观风貌不协调的文物保护设施；整饬陵区内与景观风貌不协调的非文物建筑。在区域内形成两处大型的绿地空间，进行建筑物、构筑物和绿化、道路、小品等景观设计时，形象都要符合文物建筑的文化价值。所有新建的管理、服务、展示等设施的构筑物其风格、体量、色彩等要素需与文物本体相协调。

（3）保证控制地带的空间合理

建设控制地带对陵墓的衬景作用十分重大：控制东京陵村的规模，控制居住用地、保证公用设施用地；对公共设施加以增设改建，保证环境的优化；保证现有和新建构筑物与区域环境相协调，不得进行大型项目的建设；注重景观环境的保护及建设，增加树木的种植，保护自然生态系统。

6.5.7 交通方式的选择与换乘

东京陵区域道路交通规划的目的是保障文物遗址安全，展示内部陵墓的格局，满足人群的参观需求，对文物遗址进行维护。从保护的角度出发，合理布置路线，逐步开放建筑群，创造良好的展示环境，体现前清历史文化特色，满足通行、游览、消防功能。交通方式的选择及换乘应注重绿色交通，不仅要保证道路的通畅也要尊重历史。

（1）交通方式

交通方式的选择分为区域外和区域内两个部分：区域外部除了保存现有的三条公交线路外还应增设巴士专线系统，依托巴士专线将辽阳火车站与东京陵相连接，形成固定运营时间的专线，与公交车相比时间更为灵活、线路走向更为快捷，且在管理上更容易组织，除公共交通外还可选择的士和私家车等方式；区域内部东京陵的范围相对不是很大，在交通方式的选择上不需要电瓶车的引入，主要采用自行车系统和步行系统。

（2）交通换乘

根据区域内所选择的交通方式，形成了东京陵区域内外特有的换乘方式，保证人群的顺利到达及参观。

外部的公交车及专线巴士到达东京陵公交站附近，在东京陵大门口进行交通方式的换乘，采用自行车和步行的方式进入东京陵内部，限制一切机动车辆进入东京陵公园，如表6.6所示。

表 6.6　东京陵交通方式的选择与换乘

外部交通		换乘点	内部交通	
起始点	交通方式		交通方式	到达点
火车站 庆阳俱乐部	公交汽车、巴士专线、的士	沈营公路东京陵公园停车场	自行车、步行	东京陵公园

6.5.8　基础设施布局

完善的基础设施可以提高整个区域的服务质量，停车场与换乘枢纽的设置可以使区域的交通更加流畅、完整。为保证整个区域的交通环境，避免人和车的相互矛盾，禁止机动车入内。

（1）交通枢纽系统

枢纽系统的设立应结合主要出入口的位置、重要遗址的节点，并兼顾与城市主要道路的衔接。在沈营公路的东京陵公园正门处形成大型的枢纽系统，通过自行车租赁服务将外部车辆与区域内部的交通实现零换乘，形成"公交车/巴士专线/私家车/的士 + 自行车/步行"的换乘方式。

（2）停车体系

在沈营公路东京陵公园正门建设大型停车场地，为外部到达的公共车辆提供公共场站，为私家车提供停车场所，解决占道停车的问题。且在此地设置自行车租赁点，形成自行车的停车场地，建立综合的停车系统，缓解沈营公路的压力。

庆阳街通往东京陵公园侧门的道路较窄，且庆阳街沿线有医院和农贸市场，所以除消防车及通往别处的机动车外，去往东京陵的车辆不建议入内，在侧门处不专门设置停车场地，只保证非机动车和行人的流线畅通。

6.5.9　路网的选择与优化

（1）路网类型的选择

道路网的设计遵循与旧路网相结合的原则，保证与城市路网的衔接，内部的道路空间主要选择了带状和环状相结合的模式。

东京陵内部形成双环状模式，外部环形的道路围绕东京陵一周，形成外围的消防通道，内部的环状道路围绕休息区在通行区部分形成直线与曲线相结合的参观道路。三座陵墓的参观路径主要采用的是带状模式，依据参观的顺序形成了三条路线，路线上分布着不同的遗迹建筑及景观，观赏角度较为自由、视野较宽阔。以上两种模式的结合组成了丰富的路网结构，能便捷、合理、灵活的到达东京陵的各个地点。

（2）慢行交通的组织

东京陵主要采用的是慢行交通的组织方式，既保证绿色环保又提升了其内部道路的趣味性。在区域内部增加行人休憩设施；在内部的道路、广场铺设不同材质、不同风格的铺地，增强功能的划分和趣味性；建造多种形式的小品建筑，如展览廊道等。

此外区域内部大多铺设的是游步道，布置更加灵活，满足人群的身心要求，让人们有舒适、安全的感觉。首先利用游步道组成最基本的道路骨架，形成三座陵墓和环状网络的道路空间；其次采用平地型和台阶型两种步道，中心下沉广场采用的是台阶型的步道，让高差形成台阶，使空间更加丰富，其他空间采用的是平地型步道，将步道设计成曲线与直线相结合的形式，在步道上种植多层次的植物，增加观赏性。

6.5.10　交通线路的组织

东京陵交通线路的组织依据空间布局结构和道路网的类型，以现有的道路为基础，局部修建新的路段，形成合理的路线，如图 6.9 所示。

（1）交通线路等级

东京陵内部线路以非机动车道路为主，道路可分为三个等级：第一等级是围绕整个区域的外围道路，也可作为区域内的消防通道；第二等级是轴线道路，园区主要以参观三个陵墓为主，所以以山门、碑亭、院门、墓等形成的轴线道路为内部的主要交通线路，即一级游步道，路面主要为青石板老路，保存良好的继续使用，对破损严重的进行维修和补充；第三个等级是联系主要轴线道路的其他道路，这些线路还起到疏散、休闲的作用，即二级游步道，路面材料主要为青石板和青砖，尽量利用原线路和原青石板，对破损严重的进行维修和补充。

（2）交通线路选线

按照线路等级和遗产点具体的分布，因地制宜的进行选线，形成两级游步道、具体的参观方向和参观线路。

沈营公路停车场—公园正门—舒尔哈齐陵—褚英陵—前清陵寝文化展廊（休

息座椅）—穆尔哈齐陵—公园侧门—游客服务中心—展示馆（树池休息）—公园正门。

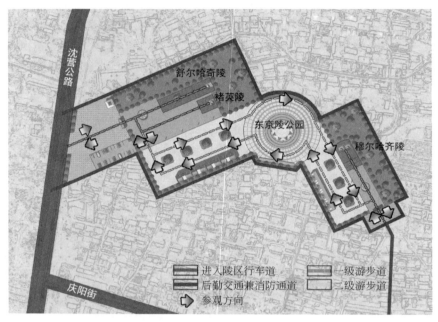

图 6.9　东京陵交通线路规划图

第7章　辽宁前清建筑文化遗产区域展示与标识系统

7.1　展示与标识系统总体思路及规划原则

辽宁前清建筑文化遗产区域展示与标识系统的建立，力求使整个区域的建筑文化遗产产生关联性，使辽宁省区域范围内的建筑文化遗产能够更好地展示与呈现，并且对参观者提供全面、系统以及专业的展示与标识系统。

7.1.1　相关概念的阐述

（1）展示及展示系统的概念

2008年国际古迹遗址理事会（ICOMOS）在加拿大魁北克会议上通过的《文化遗产诠释与展示宪章》中明确了"展示"的概念，指在文化遗产地通过对阐释信息的安排、直接的接触，以及展示设施等有计划地传播阐释内容。所以说建筑文化遗产的展示是指在理解和诠释展示内容的基础上，结合参观者特点，采用适当的展示方式和手段，最大化地实现建筑文化遗产的社会价值和文化价值。

展示系统是指把不同类型的建筑文化遗产按照一定的展示方式进行重新组合和排列，让不同展示方式共同作用于一定区域内，为人们提供更具体更直观的整体保护与展示模式。

（2）标识的概念、组成及标识系统

标识是以装置、场所、图形、色彩和必要的文字、字母等，来表示所在区域内标识点的历史和方位，在人们进行参观时起到提示和指导作用。

一个完整的标识，由标识内容、标识形式、标识位置三要素构成。标识的过程可简化为"表达—传递—接受"，与标识构成的三要素有对应的关系，即标识内容——表达什么，标识形式——如何传递，标识位置——在哪接受，也就是标识的作用、表达方式、作用范围三方面。

标识系统是指把不同的标识按照一定的关系进行组合与排序，并设置在特定的场所，为人们提供标识用途的整体。

7.1.2　展示与标识系统建立的程序与工作重点

（1）建立程序

①展示系统：区域普查—对象选取—遗产分类—刻度提取—对应展示模式—辅助标识连接—系统建立。

②标识系统：区域普查—对象选取—遗产分类—标识基地—对应标识本体—辅助表示连接—系统建立。

（2）工作重点

展示与标识系统是一个非常庞大、复杂的系统，涉及遗产点现状、考古技术、保护与利用技术等多方面。本书意在通过标识点的选取，搭建起展示与标识系统的雏形，在建筑文化遗产保护的前提下，让标识系统更好地得到利用。主要工作重点有：注重遗产展示系统的构建，注重遗产群标识的层次性以及遗产点标识的可变性。

①注重遗产展示系统的构建：选取具有代表性的标识点进行初步展示系统的构建，为区域建筑文化遗产展示系统提供理论依据以及实验支撑，为未来大量建筑文化遗产加入展示系统提供可能性。

②注重遗产群标识的层次性：遗产群标识系统应该有主有次，选取重要建筑文化遗产作为主要标识点，阐述同一类型建筑文化遗产特征并统领其所在遗产群，其他遗产点以它为主体进行标识。

③注重遗产点标识的可变性：随着遗产点保护利用现状的不断变化，随时更新标识信息、类型以及区位是必要和可行的。

7.1.3　展示与标识系统建立的目标与原则

（1）区域展示与标识系统建立的目标

通过建筑文化遗产的保护与展示，把建筑文化遗产按一定因素组合、排列再呈现出来，把区域内点状遗产点连成线，再通过遗产群的标识系统，进一步阐述同类型遗产点的相似之处，用以加深对建筑文化遗产的认识，以实现辽宁省建筑文化遗产区域整体历史文化价值和社会教育功能为主要目标。

（2）区域展示与标识系统的建立原则

①区域展示系统建立的原则。

a. 展示应以建筑文化遗产的保护为前提，不破坏建筑文化遗产原状及其周围环境。

b. 展示中，应保证建筑文化遗产点展示与整体区域展示相结合，遗产点及其配套设施应与建筑文化遗产整体环境与历史氛围相和谐。

　　c. 注重展示过程中的遗产保护，防止由于参观等人为因素对遗产及其周围环境的破坏。

　　②遗产群及遗产点标识系统建立的原则。

　　建立原则有以下几点：

　　a. 以保护建筑文化遗产群及遗产点真实性和完整性为前提。

　　真实性：标识的简历要真实反映遗产群整体信息，若要复原、建构等需要在考古依据的基础上进行，并且遗址不能受到破坏。

　　完整性：遗产群是一个整体，单独的标识点不能表达所在遗产群的整体信息，遗产点内部单一标识也不能完整表达遗产点全貌，只有通过遗产群整个系统或遗产点内部系统内各类标识的相互说明，才能使观者了解整个遗产群信息或遗产点全貌。

　　b. 显示辽宁前清建筑文化遗产群格局。

　　c. 开放性和连续性。

　　辽宁区域内前清遗产标识连续性是实现系统完整性的前提，并在系统标识功能的实现中担负承上启下的作用。辽宁区域内建筑文化遗产众多，本书仅选取 25 个作为重点标识对象进行研究，所建立的标识系统除了适用于这 25 个遗产点及所属遗产群之外，还应允许其他建筑文化遗产经过专家评定后进入该系统。随着科学技术的进步及考古工作的深入，新的标识方式及标识策略也将出现，所以该系统必将会不断更新完善。

　　③辅助标识系统建立的原则。

　　辅助标识系统实际解决的是区域展示点之间以及遗产群标识点之间路径的导向问题，应遵循直接、简单以及连续性的原则，使参观者能够以最短路径从一个展示点移动到下一展示点，避免路径迂回往返。同时导向标识的造型、色彩、平面等要素应统一，便于参观者识别。

7.2　辽宁前清建筑文化遗产区域各因素影响性分析

7.2.1　标识对象的普查与分类

　　本书提取的辽宁前清建筑文化遗产标识对象分为 4 类，共 25 个标识点。其中：

　　①世界文化遗产 4 处：清永陵、福陵、昭陵和沈阳故宫；

　　②国家级重点文物保护单位 3 处：赫图阿拉城、兴城古城（北门古城墙）、中前所城；

③省级重点文物保护单位 15 处：清柳条边遗址沈阳段、九龙山城、东京陵、东京城城址、萨尔浒城、界藩城、清柳条边遗址锦州段、沈阳东塔永光寺、实胜寺、慈恩寺、清柳条边遗址抚顺段、永安石桥、清真南寺、沈阳北塔法轮寺、沈阳南塔广慈寺。

④市级重点文物保护单位 3 处：盛京城址、松杏明清战场遗址、辽东边墙。

7.2.2　辽宁前清建筑文化遗产区域各类信息因素分析

辽宁前清区域内建筑文化遗产是前清满族文化及清朝前期政治、文化、经济的实物体现，对研究清代前期建筑及经济、人文等历史信息有重要作用。根据建筑文化遗产现存状况，遗产价值、传递信息能力各不相同，难以采用单一模式进行展示标识，所以在确保辽宁前清建筑文化遗产区域的整体格局展示的前提下，对能够直观体现遗产价值或遗产价值较大的应进行重点展示和标识。建筑文化遗产受历史功能信息，考古发掘状况，保存状况等相关因素影响，所以这些因素也影响着展示与标识系统的设计。因此，应该对辽宁区域内建筑文化遗产的相关因素做分析，作为展示与标识系统建立的理论依据。

1. 历史信息分析

在中国漫漫历史长河中，辽宁在明清交替之际扮演着重要角色，史称"前清"。辽宁区域内前清时期的建筑文化遗产蕴含着丰富的历史记忆，对研究清代历史有至关重要的作用。了解每个遗产点在前清时期的具体功能，是展示与标识系统建立的首要依据，如图 7.1 所示。

2. 遗产类型分析

本书提取的 25 处辽宁前清建筑文化遗产按照其使用功能分为 4 类：

（1）前清战争

松杏明清战场遗址、辽东边墙（山海关之战战场）、兴城古城（宁远之战战场）、中前所城（清入关前的战略要地）、萨尔浒城（萨尔浒之战战场）。

（2）前清建城

赫图阿拉城、萨尔浒城、界藩城、东京城城址、盛京城址、沈阳故宫、九龙山城、永安石桥和清柳条边遗址——沈阳段、抚顺段、锦州段。

（3）前清建陵

东京陵、永陵、福陵、昭陵。

（4）前清宗教

实胜寺、沈阳北塔法轮寺、沈阳南塔广慈寺、沈阳东塔永光寺、慈恩寺、清

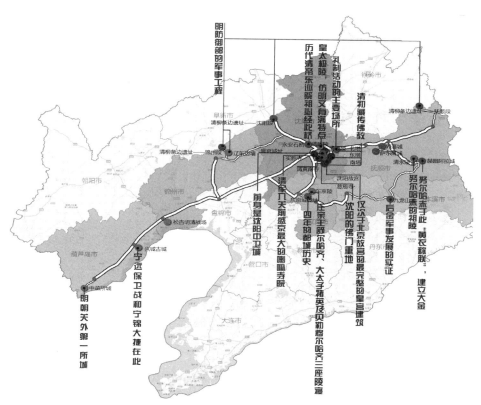

图 7.1　辽宁前清建筑文化遗产历史信息分布图

真南寺。

3. 保存现状分析

辽宁前清建筑文化遗产保存现状分析如表 7.1 所示。

表 7.1　辽宁前清建筑文化遗产保存现状分析

遗产群	遗产名称	保存现状	主要破坏因素	保护措施现状
	松杏明清战场遗址	很差	人为和自然	无
	辽东边墙	较差	人为和自然	无
前清战争	兴城古城	较好	人为和自然	有
	中前所城	一般	人为和自然	无
	萨尔浒城	较差	人为和自然	有

续表

遗产群	遗产名称	保存现状	主要破坏因素	保护措施现状
前清建城	赫图阿拉城	较好	人为和自然	有
	萨尔浒城	较差	人为和自然	无
	界藩城	较差	人为和自然	无
	东京城城址	较差	人为	无
	盛京城址	一般	人为和自然	无
	沈阳故宫	较好	人为	有
	九龙山城	较好	自然	无
	永安石桥	一般	自然和人为	有
	清柳条边遗址——沈阳段	较差	人为	无
	清柳条边遗址——抚顺段	较差	人为	无
	清柳条边遗址——锦州段	较差	人为	无
前清建陵	东京陵	较好	自然和人为	无
	永陵	一般	自然和人为	有
	福陵	较好	自然	有
	昭陵	较好	自然	有
前清宗教	实胜寺	较好	自然	有
	沈阳北塔法轮寺	较好	自然与人为	有
	沈阳南塔广慈寺	一般	自然与人为	无
	沈阳东塔永光寺	一般	自然与人为	无
	慈恩寺	较好	自然	有
	清真南寺	较好	自然	有

7.2.3　标识本体分级评估

辽宁前清建筑文化遗产的影响因素很多，主要包括上一节分析的历史因素，考古因素，战争因素等，是进行区域展示与标识本体分级的主要依据，如图7.2所示。

一级遗址：遗址破损严重，标识传递信息较少。

二级遗址：遗址破损严重或者较差，但遗址所要传递的信息比较重要。

三级遗址：遗址保存现状一般或较差，遗址所承载的历史、考古等信息非常重要。

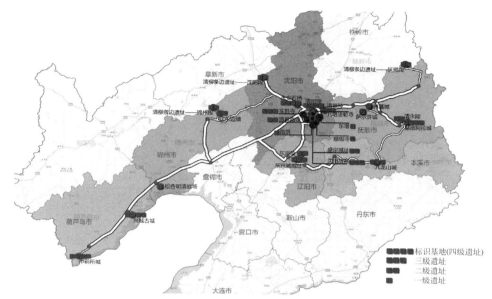

图 7.2　辽宁前清建筑文化遗产标识评级图

四级遗址：遗址保存状况良好或者一般，遗址在前清历史上留下了重要的信息。无论对我们学习前清历史、了解前清建筑发展脉络，还是对研究建筑文化遗产的保护与展示，以及对未来后代的教育，都起到至关重要的作用。

中前所城为明朝关外第一所城，山海关第一个前哨军事据点，作为军事要地保存利用状况并不乐观，应进行重点标识使遗址得到保护，更好地向公众展示。

赫图阿拉城作为后金开国的第一都城，也是中国历史上最后一座山城式都城。其筑城方式以及建城理念对后金城市建设影响深远，应为重要标识展示对象。

努尔哈赤在东京都城进行了一系列的政治、经济、军事、宗教改革，使他领导的女真社会发生了质的变化。

宗教建筑是原始社会就出现的一种建筑类型，在中国古代建筑史上有重要的意义及作用，实胜寺是清政府在东北地区建立的第一座藏传佛教寺院，应重点进行标识展示。

7.3　辽宁前清建筑文化遗产区域展示与标识系统的建立

7.3.1　展示与标识系统的组织结构

展示与标识是在遗产保护的前提下，揭示并传达遗产信息的方式。它包含三方面内容：首先，是遗址本体信息的传达，即遗址本体展示；其次，对遗址本体信息传递交叉时需要结合保护与展示来解决；最后，难以通过展示来表达的信息需要通过标识来解决。

辽宁前清建筑文化遗产展示与标识系统主要由基本要素系统和与之对应的应用子系统按照一定顺序、层次组合构成，如图7.3所示。

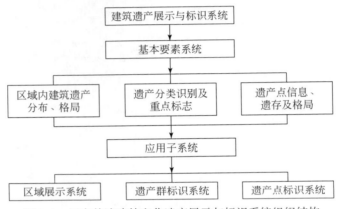

图7.3　辽宁前清建筑文化遗产展示与标识系统组织结构

7.3.2　展示与标识系统基本要素

展示与标识系统的基本要素包含了辽宁前清建筑文化遗产标识系统要诠释的主要内容，贯通整个辽宁建筑文化遗产保护区域范围内，是不可或缺的重要构成体。

（1）区域内建筑文化遗产分布、格局

辽宁区域内前清建筑文化遗产的整体分布及格局，是我们研究前清历史的实物载体，同时对掌握前清建筑分布状况有意义，而且对整个区域内建筑文化遗产的整体保护与利用有很重要的作用。

（2）遗产分类识别及重点标志

不同类型建筑文化遗产应该有不同的标识加以区分，得到不同的标识类型、样式等。标识主要通过选择遗产群中最具代表性的建筑文化遗产，把它作为该遗产群重要标志点进行设计，全面阐释该遗产群历史、建造特征以及历史政治文化等信息。

（3）遗产点信息、遗存及格局

通过建筑文化遗产内部历史、考古以及保护信息的阐述，使参观者在了解区域以及遗产群层面的遗产点的基础上，更深入地了解遗产本身的历史文化价值。

7.3.3　展示与标识系统的层级

辽宁前清建筑文化遗产区域展示与标识系统分为三个层级：

（1）遗产区域展示系统

根据辽宁区域对其历史文化的认知、传播、延续等实际需要，将区域建筑文化遗产按照历史时期与遗产群类别两大属性进行分类，并与不同展示方式相对应，得到存在系统关系的城市历史文化展示群体，不同时间区段展示群体内展示点之间由辅助标识连接，从而形成对辽宁前清建筑具有认知、纪念、宣传、保护、传承等作用的展示系统。它主要包括建构筑物、场地、复原模型、节令性活动、模拟式行为。

（2）遗产群标识系统

遗产群标识系统是对同类型建筑文化遗产的共同特征所进行的标识，例如对建城中城墙、城门、角楼及街道建设的相似性所进行的标识。它主要包括标牌、碑、介绍牌、雕塑和电子信息显示牌等。

（3）遗产点标识系统

根据遗产点保存状况、公众认知及影响力对遗产点内部系统进行标识，形成自成一体的遗产点标识系统。它主要包括标牌、纪念碑牌、介绍牌、文物说明牌、景点说明牌和电子信息显示牌等。

7.4　遗产区域展示系统及其展示方式分类

7.4.1　实施刻度的选取

按照辽宁前清建筑文化遗产标识与展示系统建立的程序，对辽宁前清文化遗产进行调查研究后，再进行针对性研究，根据其特殊性对基本刻度进行合并或提取形成该区域的实施刻度。

（1）X 轴——历史序列

以上章历史信息分析为依据，并结合主要大事记，设定出历史时期的实施刻度单位，实施刻度由坐标原点向 X 轴正方向的历史序列，如表 7.2 所示。

表 7.2　辽宁前清建筑文化遗产历史序列

实施刻度	提取原因	包含建筑文化遗产	X 轴坐标
后金政权时期（1616～1625 年）	1616 年努尔哈赤建立后金，建造了大量的城市，1621 年迁都辽阳	盛京城址、赫图阿拉城、清永陵、辽东边墙、兴城古城（北门古城墙）、中前所城	1
建立后金政权的动荡时期（1616 年之前）	清努尔哈赤建立后金之前的动乱时期，由于战争需要，建立多个战场。对研究前清战场历史有重要价值	界藩城、萨尔浒城、东京陵、东京城城址	2
政权在沈时期（1626～1635 年）	1625 年努尔哈赤迁都沈阳，主要建设在沈阳及其周边，这一时期政局相对稳定，建设水平相对较高	福陵、沈阳故宫、慈恩寺、清真南寺、九龙山城	3
"顺治"时期（1643～1644 年）	1636 年皇太极称帝并改国号为清，正式开始灭明的战争。这个时期修建了很多战争城池并留存遗址。其中，松杏明清战争为后来清朝灭明征服天下打下了基础	实胜寺、清柳条边遗址、松杏明清战场、永安石桥	4
大清初期（1636～1643 年）	1643 年皇太极病死，葬于昭陵。福临继位，史称顺治。1644 年，明亡	昭陵、沈阳北塔法轮寺、沈阳南塔广慈寺、沈阳东塔永光寺	5

（2）Y 轴——遗产群分类

实施刻度：充分利用文化的特殊性，根据各个城市的文化特殊性在基本刻度中进行选取而形成该城市的实施刻度。

A——前清战争；B——前清建城；C——前清建陵；D——前清宗教。

（3）Z 轴

辽宁区域内前清建筑文化遗产主要以土质遗产为主，夯土遗址容易受到自然环境侵袭，如风蚀、雨蚀、风化等，也容易遭到人为因素的破坏。需要适宜的展示方式，形象地展示建筑文化遗产特征，形成区域整体展示规划，以供人参观、游览、学习。

辽宁前清建筑文化遗产区域展示的方法主要有六种类型，即露天原状展示、复原展示、地面标识展示、场馆保护展示、虚拟与模拟展示和场景展示，如

表7.3所示。

表7.3　辽宁前清建筑文化遗产展示方式分类及内容

分类		展示方式	展示内容
	露天原状展示	遗产现存状况能够反映它所代表的遗产特征、显示遗产的真实性。将遗址本体置于露天条件下，不采取任何人工遮蔽保护手段，按其原样直接面向公众展示的一种保护展示方式	1. 格局保存较好的宗教建筑 2. 遗产本身材质构造抗自然破坏力强的陵墓建筑 3. 重建的佛教塔院 4. 残存的战场遗址 5. 建城遗产中的石桥
复原展示	基址复原展示	在回填后的遗址表层，经过对考古资料和文献资料充分研究，按遗址原貌进行复原的方法	1. 消失的前清建城的城墙遗址、城门、瓮城和角楼遗址 2. 消失的辽东边墙及柳条边遗址在辽宁区域内整体格局展示
	原状复原展示	经过考古发掘，布局形式和结构基本清楚的遗迹，对其覆盖保护后，可按照考古发现的遗迹本体的原始形制，仿照当时的建筑（构筑）材料，使用当时的技术手段，在遗迹之上进行基址复原展示	1. 有一定破损的陵墓建筑及与周边分界的陵园院墙 2. 再现建城城墙格局 3. 用于战争防御的边墙遗址
地面标识展示		无地上遗存，部分地下墙基也已遭毁坏，覆盖保护后，在其上种植对遗迹本体造成破坏的浅根系植被或用卵石等非植被材料标识展示其遗迹的平面布局和分布范围	1. 陵墓建筑前广场，对同时期建筑规划格局做介绍 2. 宗教建筑入口广场，对同时期建筑规划格局做介绍 3. 前清建城城市要素格局再现
场馆保护展示		在遗址上方修建封闭或半封闭的建筑物或构筑物，最大限度地保护遗址不受外界自然环境的威胁，同时在室内采用各种高科技手段对遗址进行有效保护展示的一种方式	1. 前清建城遗址中发掘的重要建筑基址 2. 前清城市、陵墓遗址区域内出土的文物
虚拟与模拟展示		利用成熟的光电技术模拟显示出古代遗迹，特别是大型地面遗迹的三维复原影像。虚拟展示的地点一般考虑在场馆内部，但也可以在室外的遗址区进行	1. 前清城市原貌、复原想象图及城市大事记 2. 城门、角楼等现存残迹利用光电影像虚拟出原貌，现实与虚幻共存展示建筑文化遗产 3. 陵墓建筑中祭祀礼仪的轴线关系以及祭祀氛围的营造 4. 明清战争场景再现

续表

分类	展示方式	展示内容
场景展示	组织人们通过灯光、声音和影像，模拟古时候的场景进行标识展示	1. 在宗教建筑内供奉佛像、进行佛事活动 2. 每逢节日在寺院道观中举行隆重的节日活动

7.4.2　遗产区域展示方式及具体实施建议

辽宁前清建筑文化遗产区域展示按历史因素分为 5 个历史时期，分别为建立后金政权动荡时期、后金政权时期、四大贝勒时期、大清初期及顺治时期。以下分别对这五个时期的展示进行论述。

1. 建立后金政权动荡时期

（1）展示线路及内容

建立后金历史时期的展示，主要围绕中前所城、兴城古城及赫图阿拉城展开。展示线路主要以建造建筑文化遗产的时间为基本要素，结合保存状况及交通分析。具体线路为：中前所城—兴城古城—辽东边墙—盛京城址—清永陵—赫图阿拉城。

展示内容：

①中前所城："城"——城门及城墙，通过对中前所城遗址的保护，结合城墙、城门及四角方台等的标识展示，完成"城"的意向展示；城门——仅存的西门罗城以及复原南门、东门瓮城；城墙；城角方台。

②兴城古城："城"——城门及城墙，通过对兴城古城遗址的保护，结合城墙、城门及四角方台等的标识展示，完成"城"的意向展示；城门——四座皆为瓮城；城墙；城角炮台。

③辽东边墙：边墙整体走势——辽东边墙整体格局，其在关外重要防御性及地位；边墙遗址剖面显示其结构及材质。

④盛京城址："城"——再现清代盛京城全貌，完成"城"的意向展示；角楼——西南角楼展示其功能性及防御性。

⑤清永陵：清代皇帝祭祀祖先时的环境氛围；陵墓建筑的庄严与肃穆性；祭祀礼仪的轴线关系。

⑥赫图阿拉城："城"——城门及城墙，通过对赫图阿拉城的保护，结合内外城城墙、城门等相关建筑的标识展示，完成"内城"与"外城"的意向展示；

台地建城的主要特征及所代表的后金建城手法；城墙；城门。

（2）遗产区域展示方式及具体实施建议

①遗址本体展示方式如表 7.4 所示。

表 7.4　建筑文化遗产本体展示方式（建立后金政权动荡时期）

遗产名称	展示方式：复原展示+虚拟与模拟展示
盛京城址	虚拟模拟展示：在遗产保护区的北侧与南侧端头，设置电子显示屏讲述建立后金政权时期建筑文化遗产概况，在盛京城址北侧广场区用声光电特效展示清初盛京城址地图 原状复原：现存角楼已经复原 远期基址复原：根据历史文献及考古勘探，找出清初盛京城城墙及八座城门、四座角楼的具体位置进行基址复原
赫图阿拉城	虚拟与模拟展示：在北城门内，对区域内遗产概况及赫图阿拉城概况做虚拟电子屏演示 原状复原：城墙破损严重，按原状复原城墙，体现当时建造技术水平及特征，形成建立后金政权时期区域展示带
清永陵	虚拟模拟展示：在永陵入口前广场，运用电子技术，再现永陵建筑规划格局及清代皇帝祭祀祖先时的盛大场面 复原展示：按照历史文献及考古资料分析，复原到一定高度，供游客观赏 根据历史资料，复原清永陵陵墙，展示同时期建筑及文化遗产特征
中前所城	虚拟模拟展示：①采用虚拟数字成像技术在东、南、西三座城门处展现城门上的真武庙。②模拟展示东门，南门及其瓮城 复原展示：①东北、西北、东南方台，用可逆手法复原城墙端部方台，采用架构复原方式使之区别于西南角现存方台。②根据文献，复原原有城墙，展示同时期筑城特征及手法
兴城古城（北门古城墙）	虚拟模拟展示：四座城门、角楼及瓮城，利用增强现实技术将其数字复原影像与真实的建筑文化遗产叠合在一起展示给受众 复原展示：根据历史文献及考古资料，修复城墙到一定高度，作为建立后金动荡时期区域标识进行展示
辽东边墙	虚拟模拟展示：沿着现有道路的较大遗址区域，运用电子技术实现人与设备互动，模仿当时战争场景，使人身历其境感受边墙作为防御建筑的功能与作用 复原展示：①按照历史文献及考古资料分析，复原城墙到一定高度，供游客观赏。②远期展示，结合文献资料，在辽宁省内勘探到辽东边墙整体走势，与现状地形叠合，用基址复原或虚拟展示的方式呈现

②遗址本体展示具体实施建议如表7.5所示。

表7.5　建筑文化遗产本体展示具体实施建议（建立后金政权动荡时期）

遗产名称	区域标识布点
盛京城址	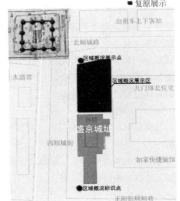
赫图阿拉城	
中前所城	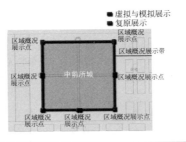

续表

遗产名称	区域标识布点
兴城古城（北门古城墙）	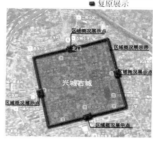
清永陵	
辽东边墙	

2. 后金政权时期（公元 1616 ~ 1625 年）

（1）展示线路及内容

后金政权时期的展示，主要围绕萨尔浒城、界藩城、东京城城址及东京陵展开。展示线路以保存现状较完整的东京陵作为展示中心，围绕其展开对后金政权时期的展示，具体路线为：东京城城址—东京陵—萨尔浒城—界藩城。

展示内容：

①东京城城址："城"——通过对东京城全貌的复原展示，完成对前清建城形制的意向展示；城门——通过对天佑门的保护，结合一定标识，完成对城门意向展示；城墙。

②东京陵：前清历史研究的实物展示；陵墓建筑的庄严与肃穆；东京陵特有的规划及建筑形制。

③萨尔浒城："城"——城墙、城门，通过对萨尔浒城城墙及城门的复原展示，完成对萨尔浒城的意向展示；城门；城墙；萨尔浒城建城始末以及历史事件和历史人物。

④界藩城："城"——城墙，通过对界藩城城墙的复原展示，完成对界藩城的意向展示；城墙；界藩城建城始末以及历史事件和历史人物。

（2）遗产区域展示方式及具体实施建议

①遗址本体展示方式如表 7.6 所示。

表 7.6　建筑文化遗产本体展示方式（后金政权时期）

遗产名称	展示方式：复原展示+场馆展示
萨尔浒城	复原展示：①五座城门，基本都无地面遗迹，根据历史文献及考古资料，复原内城五座城门，并以南门作为主要展示标识点。②根据文献，原状复原城墙高度，展示同时期建筑文化遗产建城特征及手法 场馆展示：在城内房屋基址上方覆盖博物馆，展示这一时期历史信息、萨尔浒城历史信息及相关考古出土文物
界藩城	复原展示：根据历史文献资料，复原界藩城部分城墙，用来展示后金时期建城方法及技术 场馆展示：在城的东南角一处高起的台地上建一座展示馆，主要展示界藩城及同时期建造城市的技术及特征
东京陵	复原展示：根据历史资料，按原貌复原东京陵陵园墙体，作为陵园与现存基地周围建筑的分界 场馆展示：陵园入口处，设置建筑展示馆，以展示现存的文史资料为主，展陈题材包含后金政权时期总体概况以及东京陵时期的历史资料、服饰、民俗、工艺等

续表

遗产名称	展示方式：复原展示+场馆展示
东京城城址	复原展示：①在天佑门周围现存两段城墙，沿着城墙向两侧继续复原部分城墙段（采用区别于现有城墙的材质，如钢架等）。②按一定比例复原展东京城城市全貌。③远期展示，根据文献记载及考古资料，探寻东京城城墙及其他七座城门大致位置，用基址复原方式复原城墙及城门，展示东京城格局，进而说明后金政权时期平原建城的特征手法 场馆展示：在天佑门东侧建造建筑博物馆，存放东京城城址出土的文物，展示后金政权在东京城时期的历史资料以及建城特征

②遗址本体展示具体实施建议如表7.7所示。

表7.7　建筑文化遗产本体展示具体实施建议（后金政权时期）

遗产名称	区域标识布点
东京城城址	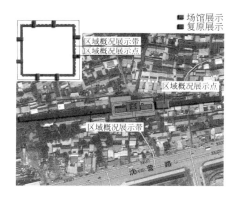
东京陵	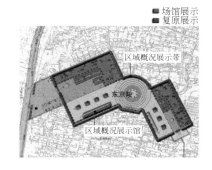

续表

遗产名称	区域标识布点
萨尔浒城	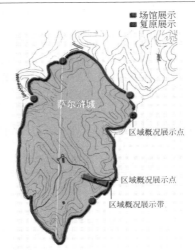
界藩城	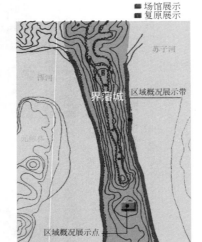

3. 政权在沈时期（公元 1625～1635 年）

（1）展示线路及内容

政权在沈时期的展示，主要围绕福陵、沈阳故宫、慈恩寺、清真南寺以及九龙山城展开。展示线路以保存现状完整，当时政权所在地的沈阳故宫为展示中心，围绕其展开政权在沈时期的展示，具体路线为：沈阳故宫—慈恩寺—清真南寺—福陵—九龙山城。

展示内容：

①沈阳故宫：沈阳故宫的规模及格局；故宫历史背景，包括故宫的建设始末，相关历史事件和历史人物等；故宫研究成果，包括政权在沈时期后金的建筑形制、结构特点、材料和建造方式等。

②慈恩寺：前清佛教建筑的格局和形制；佛寺建筑的参拜轴线关系；佛寺建筑中"天人合一"宇宙观的体现。

③清真南寺：前清伊斯兰教寺庙的规划和形制；伊斯兰教建筑的装饰纹样；伊斯兰教进行礼拜的流程。

④福陵：清代皇帝祭祀祖先时的环境氛围；陵墓建筑的庄严与肃穆性；祭祀礼仪的轴线关系。

⑤九龙山城："城"——城门及城墙，通过对九龙山城的保护，结合城墙、城门等相关建筑的标识展示，完成"城"的意向展示；台地建城的主要特征及所代表的后金建城手法；城墙；城门。

（2）遗产区域展示方式及具体实施建议

①遗址本体展示方式如表7.8所示。

表7.8 建筑文化遗产本体展示方式（政权在沈时期）

遗产名称	展示方式：地面标识
福陵	地面标识：福陵入口广场，在此进行地面硬质铺装标识，该标识能够体现迁都沈阳后的历史信息、建造水平及技术特征等
沈阳故宫	地面标识：故宫正门前步行街，西起武功坊，东至文德坊，进行地面硬质铺装标识，该标识能够体现迁都沈阳后的历史信息、建造水平及技术特征等
慈恩寺	地面标识：在慈恩寺正门前街道和广场进行地面硬质铺装标识，该标识能够体现政权在沈期间建筑的历史信息、建造水平及技术特征等
清真南寺	地面标识：侧门入口广场，在此进行地面硬质铺装标识，该标识能够体现迁都沈阳后的历史信息、建造水平及技术特征等
九龙山城	地面标识：1. 三面城墙，保留现有城墙遗址，并在其上进行绿化标识，展示九龙山城城墙格局，进而体现迁都沈阳后建城理念及技术等。2. 四座城门及西南瓮城，在城门处进行硬质铺装标识，展示城门位置及瓮城形制

②遗址本体展示具体实施建议如表7.9所示。

表 7.9　建筑文化遗产本体展示具体实施建议（政权在沈时期）

遗产名称	区域标识布点
沈阳故宫	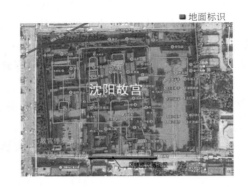
慈恩寺	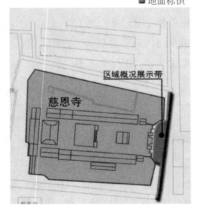
清真南寺	

续表

遗产名称	区域标识布点
九龙山城	
福陵	

4. 大清初期（公元 1636～1643 年）

（1）展示线路及内容

大清初期建筑文化遗产的展示，主要围绕实胜寺、清柳条边遗址锦州段、清柳条边遗址沈阳段、清柳条边遗址抚顺段、松杏明清战场以及永安石桥展开。展示线路主要以保存现状完整，宗教所在地的实胜寺为展示中心，围绕其展开对大清初期的展示，具体路线为：实胜寺—清柳条边遗址（抚顺段）—永安石桥—清真南寺—清柳条边遗址（沈阳段）—清柳条边遗址（锦州段）—松杏明清战场。

展示内容：

①实胜寺：前清藏传佛教建筑的格局和形制；藏传佛寺的轴线关系；佛寺建筑中"天人合一"宇宙观的体现。

②清柳条边遗址（抚顺段、沈阳段、锦州段）：清柳条边整体走势——清柳条边修建的整体格局，其在关外重要防御性及地位；柳条边遗址剖面显示其结构及材质。

③永安石桥：前清修筑盛京叠道的实物见证；前清桥梁设计和砖石建筑的特征；前清石雕艺术。

④松杏明清战场："城"——城门及城墙，通过对九龙山城的保护，结合城墙、城门等相关建筑的标识展示，完成"城"的意向展示；台地建城的主要特征及所代表的后金建城手法；城墙；城门。

（2）遗产区域展示方式及具体实施建议

①遗址本体展示方式如表 7.10 所示。

表 7.10　建筑文化遗产本体展示方式（大清初期）

遗产名称	展示方式：复原展示+露天原状展示+场景展示
实胜寺	复原展示：按一定比例复原实胜寺建造过程的模型，更直观、快速地传递被参观对象的信息 露天原状展示：在实胜寺山门及入口空间进行露天原状展示，全面展示这一时期建筑特征 场景展示：实胜寺正门广场，包括皇太极，乾隆在内的清朝历代皇帝都来此寺进行过朝拜，举行过典礼。现今可以利用人、物、道具及声光电等设备进行场景再现，全面展示前清实胜寺的价值、意义及作用，并展现大清初期历史及相关信息
清柳条边遗址——抚顺段，沈阳段，锦州段	复原展示：根据文献记载，按一定比例复原清柳条边墙的模型，直观展示清朝柳条边的整体走势，体现其壮观性与意义 露天原状展示：保留现存柳条边墙遗址，展示柳条边墙材质、结构以及构造方法 场景展示：在现存遗址区的一侧，选取较大空地，利用现代声光电设备及人物、道具等，展示在清柳条边附近展开的战争及明清边境冲突
松杏明清战场	复原展示：根据文献记载，按一定比例复原松、杏明清战场 露天原状展示：保留后修建的两道城墙 场景展示：根据文献记载，当时后金屡攻锦州及松山、杏山不破，经过多次交锋，直至洪承畴被擒，利用人物、道具、场景展示当时的战争场面
永安石桥	复原展示：根据文献记载，复原桥梁下方及周围地面，展示当时修筑盛京叠道时永安石桥全貌 露天原状展示：按现存原状保护永安石桥，把清代砖石建筑技术及石雕技术展示给参观者 场景展示：在永安石桥的周围，选取一块空地，利用现代声光电设备及人物、道具等，展示永安石桥及当时盛京叠道最繁忙时候的场景

②遗址本体展示具体实施建议如表 7.11 所示。

表 7.11　建筑文化遗产本体展示具体实施建议（大清初期）

遗产名称	区域标识布点
实胜寺	
永安石桥	
松杏明清战场遗址	

遗产名称	区域标识布点
清柳条边遗址——锦州段	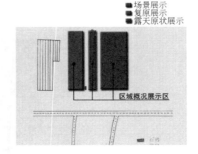
清柳条边遗址——沈阳段	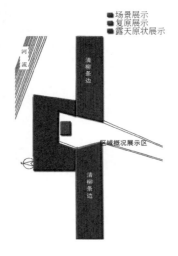
清柳条边遗址——抚顺段	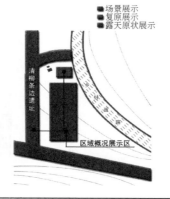

5. 顺治初期（公元 1643～1644 年）

（1）展示线路及内容

顺治时期的展示，主要围绕昭陵、沈阳北塔法轮寺、沈阳南塔广慈寺、沈阳东塔永光寺展开。具体路线为：昭陵—沈阳北塔法轮寺—沈阳南塔广慈寺—沈阳东塔永光寺。

展示内容：

①昭陵：清代皇帝祭祀祖先时的环境氛围；陵墓建筑的庄严与肃穆；祭祀礼仪的轴线关系。

②沈阳北塔法轮寺：前清藏传佛教建筑的格局和形制；藏传佛寺中的塔；佛寺建筑中"天人合一"宇宙观的体现。

③沈阳南塔广慈寺：前清藏传佛教建筑的格局和形制；藏传佛寺中的塔；佛寺建筑中"天人合一"宇宙观的体现。

④沈阳东塔永光寺：前清藏传佛教建筑的格局和形制；藏传佛寺中的塔；佛寺建筑中"天人合一"宇宙观的体现。

（2）遗产区域展示方式及具体实施建议

①遗址本体展示方式如表 7.12 所示。

表 7.12　建筑文化遗产本体展示方式（顺治初期）

遗产名称	展示方式：露天原状展示+场景展示
昭陵	露天原状展示：正红门—碑楼—隆恩门—隆恩殿—明楼—宝城宝顶，保存现状较好 场景展示：石牌坊与正红门之间的广场，古代祭祀祖先需要举行仪式，在此区域利用人、物及道具进行场景再现，展示古代皇帝祭祖的宏大场面，全面展示大清历史、人文、服饰及风俗
沈阳北塔法轮寺	露天原状展示：对北塔塔体本身原状保护，体现前清喇嘛塔形制 场景展示：在北塔周边空地进行一些佛事及宗教活动
沈阳南塔广慈寺	露天原状展示：对南塔塔体本身原状保护，体现前清喇嘛塔形制 场景展示：在南塔周边空地进行一些佛事及宗教活动
沈阳东塔永光寺	露天原状展示：对东塔塔体本身原状保护，体现前清喇嘛塔形制 场景展示：在东塔周边空地进行一些佛事及宗教活动

②遗址本体展示具体实施建议如表 7.13 所示。

表 7.13　建筑文化遗产本体展示具体实施建议（顺治初期）

遗产名称	区域标识布点
昭陵	
沈阳北塔法轮寺	
沈阳南塔广慈寺	
沈阳东塔永光寺	

7.4.3 区域标识系统的确立——三维模型定位

现将辽宁省前清建筑文化遗产标识系统中的建筑建造年代, 遗产群类型与标识本体建成三维空间模型, 如图 7.4 所示。

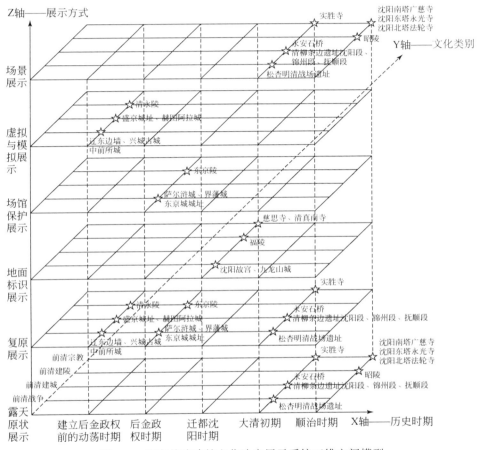

图 7.4 辽宁前清建筑文化遗产展示系统三维空间模型

7.5 遗产群标识系统及其传递载体标识分类

7.5.1 遗产群标识系统的组成

遗产群标识系统由标识对象与标识本体两部分组成。标识对象分为标识基地和标识点两类；标识本体由历史信息标识、考古信息标识、保护与展示信息标识、综合标识四类组成。

（1）标识基地与标识点的选取

标识基地：辽宁省区域内某一类型建筑文化遗产中最具代表性的标识点。本书主要针对本章第二节论述过的标识本体分级中的四级遗址。

标识点：辽宁省区域内建筑文化遗产中提取的具有代表性的标识对象。本书主要针对本章第二节论述过的标识本体分级中的一、二、三级遗址。

（2）遗产群标识系统标识本体

辽宁前清建筑文化遗产群标识本体信息传递分类如表 7.14 所示。

表 7.14 辽宁前清建筑文化遗产群标识本体信息传递分类

分类	特征	标识内容	对应遗产群
历史信息标识	遗存不直接暴露于外或缺失较严重时，结合文字及图像全面诠释其所涉及的前清历史和其自身历史信息	1. 前清建城的形制、格局及主要建城思想 2. 前清建陵的思想、格局 3. 遗产点历史信息及所在遗产群的共性	前清建城 前清建陵
考古信息标识	有一定遗存，通过考古发掘的遗址及出土文物，诠释该建筑及遗产的本体信息	1. 前清建城城址的基本构成要素 2. 建城城墙的考古信息 3. 建城城门的考古信息 4. 建筑结构、建筑材质、现存状态	前清建城
保护与展示信息标识	已经保护展示或即将进行保护展示工程的遗址	1. 宗教建筑保护与宣传 2. 宗教建筑的兴起与其建造背景、作用 3. 宗教建筑整体保护信息的传递	前清宗教
综合标识	重要历史遗存，一种标识难以表达，采用历史、考古及展示来综合标识	1. 前清战场遗址的整体格局 2. 前清战场的历史信息、人物关系及历史教育意义 3. 前清战争考古信息以及考古工作流程介绍 4. 前清战场保护与展示工程概况	前清战争

7.5.2 标识基地、标识布点及对应标识本体

标识基地、标识布点及对应标识本体如表 7.15 所示。

表 7.15　辽宁前清建筑文化遗产标识基地、标识布点及对应标识本体

遗产类型	标识基地	标识位置及内容	标识布点	对应标识本体
前清战争	中前所城	城墙四角台：对整个中前所城历史进行概述标识 西门及瓮城：现状展示标识，中前所城城门格局形制，进而概括前清（战争遗产）城门格局及建造技术 四座城门及十字街：进行考古信息标识，展示考古工具、考古流程及考古成果	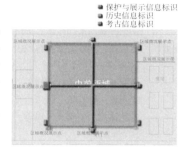	综合标识
前清建城	东京城城址	复原展示的城墙遗址两侧：设置栏杆和扶手作为标识本体，结合城墙展示带，全面展示东京城建城技术、城墙材质结构等考古信息，以及考古工具、考古流程等信息		考古信息标识
前清建城	赫图阿拉城	城墙展示带区域：沿城墙展示带，在城墙转折点处进行历史信息标识，介绍赫图阿拉城建城历史、城址格局及建城技术等相关历史信息，同时作为前清建城遗产群标识系统的组成部分，体现前清城市遗产的共性	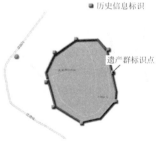	历史信息标识

续表

遗产类型	标识基地	标识位置及内容	标识布点	对应标识本体
前清建陵	东京陵	舒尔哈齐陵园、褚英陵园以及穆尔哈齐陵园正门前：标识前清陵墓建筑文化遗产群信息，对前清四座陵墓的历史信息，相互关系进行标识阐述 陵园圆形广场区：前清陵墓建筑展示廊标识，展示陵墓建筑格局、要素及异同点		历史信息标识
前清宗教	实胜寺	寺院东侧沿北三经街和南邻黄寺路的院墙：在保持寺院墙整体风貌的前提下，对现存寺院墙进行一定保护与展示信息标识，作为同类型建筑文化遗产的标识基地要重点设计，结合其他宗教建筑整体展示前清佛教、道教及伊斯兰教发展脉络		保护与展示信息标识

7.5.3 遗产群其他建筑文化遗产标识布点及对应标识本体

遗产群标识点的标识按照标识基地的设置进行同类型标识，如表 7.16 所示。

表 7.16 遗产群标识点、标识布点及对应标识本体

遗产类型	标识点	标识位置及内容	标识布点	对应标识本体
前清战争	兴城古城	城墙四角台：对兴城古城历史信息进行概述标识 北门及瓮城：现状展示标识，兴城古城门格局形制，进而概括前清城门格局及建造技术 四座城门及十字街：进行考古信息标识展示考古工具、考古流程及考古成果		综合标识

续表

遗产类型	标识点	标识位置及内容	标识布点	对应标识本体
前清战争	辽东边墙	边墙遗址区域内：架设一条廊道展示平台考古现场，廊道两边扶手亦是标识，标识考古发现及考古相关信息 乡镇道路沿线：对现存较大遗址进行修复作为辽东边墙保护展示工程 遗址与现存道路交汇点：设置标识牌，介绍边墙防御建筑的特点形制	 保护与展示信息标识 历史信息标识 考古信息标识	综合标识
	萨尔浒城	复原的城墙周边：进行考古信息标识，展示考古工具、考古流程及考古成果 南面城门：复原展示城门后，对该城门进行保护与展示标识，展示城门格局形制，与其他遗产群内标识点共同组成遗产群标识 其他城门：标识城门信息的同时，对整个萨尔浒城乃至前清战争遗产做简要历史信息说明	 保护与展示信息标识 历史信息标识 考古信息标识	
	松杏明清战场遗址	边墙现存遗址边界：架设一条廊道作为标识本体，廊道结合展示平台现场，廊道两边设扶手亦是标识，标识战场遗址考古发现及考古相关信息 遗址与现存道路交汇点：设置标识牌，介绍战场遗址的特点形制 展示复原模型处：对松杏明清战场的展示模型进行进一步说明与标识，作为该遗址的保护与展示信息标识	 保护与展示信息标识 历史信息标识 考古信息标识	

遗产类型	标识点	标识位置及内容	标识布点	对应标识本体
前清建城	九龙山城	遗址本体及保护展示区域周边：设置护栏及扶手，既作为遗产与周围的界限亦是标识本体，标识九龙山遗址的考古信息，同时作为前清建城考古相关信息、主要建城要素、形制及材质的信息载体		考古信息标识
	永安石桥	永安石桥遗址周边：设置护栏及扶手，既作为遗产与周围的界限亦是标识本体，标识永安石桥的考古信息，同时作为前清建城考古相关信息、主要建城要素、形制及材质的信息载体		
	清柳条边遗址抚顺段	遗址本体及保护展示区域周边：设置护栏及扶手，既作为遗产与周围的界限亦是标识本体，标识清柳条边遗址的考古信息，同时作为前清建城考古相关信息、主要建城要素、形制及材质的信息载体		

遗产类型	标识点	标识位置及内容	标识布点	对应标识本体
前清建城	清柳条边遗址锦州段	遗址本体及保护展示区域周边：设置护栏及扶手，既作为遗产与周围的界限亦是标识本体，标识清柳条边遗址的考古信息，同时作为前清建城考古相关信息、主要建城要素、形制及材质的信息载体		考古信息标识
	清柳条边遗址沈阳段	遗址本体及保护展示区域周边：设置护栏及扶手，标识清柳条边遗址的考古信息既作为遗产与周围的界限亦是标识本体，同时作为前清建城考古相关信息及主要建城要素，形制及材质的信息载体		
	界藩城	沿城墙展示带：隔一定距离设置遗产群标识点，标识界藩城历史信息，同时作为前清建城历史信息、主要建城要素、形制及材质的信息载体		历史信息标识

遗产类型	标识点	标识位置及内容	标识布点	对应标识本体
前清建城	盛京城址	复原遗产区域和场景展示区域沿西顺城街一侧：隔一定距离设置遗产群标识点，标识盛京城建城历史信息，同时作为前清建城历史信息、主要建城要素、形制及材质的信息载体		历史信息标识
	沈阳故宫	宫墙沿线：隔一定距离设置遗产群标识点，标识沈阳故宫历史信息，同时作为前清建城历史信息、主要建城要素、形制及材质的信息载体		
	萨尔浒城	五座城门入口处：在入口处进行历史信息标识，介绍萨尔浒城建城历史、城址格局及建城技术等相关历史信息，同时作为前清建城遗产群标识系统的组成部分，体现前清城市遗产的共性		

遗产类型	标识点	标识位置及内容	标识布点	对应标识本体
前清建陵	清永陵	正红门前：对前清陵墓建筑文化遗产群进行标识，主要采用标识牌或多媒体屏幕，对前清四座陵墓的历史信息、相互关系进行标识阐述 碑楼前广场：前清陵墓建筑展示廊标识，展示陵墓建筑格局、要素及异同点		历史信息标识
	福陵	正红门前：对前清陵墓建筑文化遗产群进行标识，主要采用标识牌或多媒体屏幕，对前清四座陵墓的历史信息、相互关系进行标识阐述 碑楼前广场：前清陵墓建筑展示廊标识，展示陵墓建筑格局、要素及异同点		
	昭陵	正红门前：对前清陵墓建筑文化遗产群进行标识，主要采用标识牌或多媒体屏幕，对前清四座陵墓的历史信息、相互关系进行标识阐述 碑楼前广场：前清陵墓建筑展示廊标识，展示陵墓建筑格局、要素及异同点		

遗产类型	标识点	标识位置及内容	标识布点	对应标识本体
前清宗教	清真南寺	清真南寺北侧奉天街、西邻南清真路的院墙：在保持寺院墙整体风貌的前提下，对现存寺院墙进行一定保护与展示信息标识，作为同类型建筑文化遗产群整体标识的组成部分，结合其他宗教建筑整体展示前佛教、道教及伊斯兰教发展脉络		保护与展示信息标识
	慈恩寺	慈恩寺院北、西及东侧临街的院墙：在保持寺院墙整体风貌的前提下，对现存寺院墙进行一定保护与展示信息标识，作为同类型建筑文化遗产群整体标识的组成部分，结合其他宗教建筑整体展示前佛教、道教及伊斯兰教发展脉络		
	沈阳南塔广慈寺	南塔寺院西侧临街院墙：在保持寺院墙整体风貌的前提下，对现存寺院墙进行一定保护与展示信息标识，作为同类型建筑文化遗产群整体标识的组成部分，结合其他宗教建筑整体展示前佛教、道教及伊斯兰教发展脉络		

续表

遗产类型	标识点	标识位置及内容	标识布点	对应标识本体
前清宗教	沈阳北塔法轮寺	寺院南侧邻北塔公园的院墙：在保持寺院墙整体风貌的前提下，对现存寺院墙进行一定保护与展示信息标识，作为同类型建筑文化遗产群整体标识的组成部分，结合其他宗教建筑整体展示前清佛教、道教及伊斯兰教发展脉络		保护与展示信息标识
	沈阳东塔永光寺	寺院南侧长安路、东邻东塔街的院墙：在保持寺院墙整体风貌的前提下，对现存寺院墙进行一定保护与展示信息标识，作为同类型建筑文化遗产群整体标识的组成部分，结合其他宗教建筑整体展示前清佛教、道教及伊斯兰教发展脉络		

7.6　遗产点标识的传递载体标识分类

7.6.1　遗产点标识类型分析

遗产点标识类型分析如表 7.17 所示。

表 7.17 辽宁前清建筑文化遗产遗产点及对应标识

编号	遗产名称	目前保护级别	保存情况	标识类型
1	福陵	世界遗产	陵寝建筑群保存较为完整	历史信息标识
2	昭陵	世界遗产	陵寝建筑群保存较为完整	历史信息标识
3	沈阳故宫	世界遗产	故宫建筑群保存较为完整	历史信息标识
4	实胜寺	省级	保存基本完整	历史信息标识
5	慈恩寺	省级	部分脊瓦脱落，整体保护较好，原有钟鼓二楼已拆除，寺内佛像无存	历史信息标识
6	永安石桥	省级	保存一般，破损处较多	保护与展示信息标识
7	清真南寺	省级	保存基本完整，局部破损	历史信息标识
8	沈阳北塔法轮寺	省级	部分脊瓦脱落，整体保护较好，经过多次修缮及保护。寺内各殿均供奉有佛像	综合标识
9	沈阳南塔广慈寺	省级	仅存南塔，广慈寺已无存	综合标识
10	沈阳东塔永光寺	省级	仅存东塔，永光寺已无存。东塔部分白漆脱落，整体保护较好	综合标识
11	盛京城址	市级	保留有部分原城墙城砖	综合标识
12	清柳条边遗址抚顺段	省级	大部分已经被开垦为耕地，只残存极少部分遗址	保护与展示信息标识
13	赫图阿拉城	国家级	现存建筑保护完好，部分墙面有裂缝，大部分建筑已不存在，城墙破损严重	历史信息标识、考古信息标识
14	萨尔浒城	省级	城已无存，仅存城墙遗址	历史信息标识、考古信息标识
15	界藩城	省级	城已无存，仅存城墙遗址	历史信息标识、考古信息标识
16	清柳条边遗址锦州段	省级	大部分已经被开垦为耕地，只残存极少部分遗址	保护与展示信息标识
17	清永陵	世界遗产	主体保存完好，地面破损严重	保护与展示信息标识
18	东京陵	省级	保存情况较好，部分脊瓦脱落	综合标识
19	东京城城址	省级	城郭由于年久失修，多已坍毁。八门之中，仅南面的正门（天祐门）尚存	综合标识

续表

编号	遗产名称	目前保护级别	保存情况	标识类型
20	九龙山城	省级	保存有城墙、隘口等遗址，城内人工种植松林	历史信息标识
21	松杏明清战场遗址	市级	原址毁坏殆尽，现仅残存的两道城墙是后修建的	历史信息标识
22	辽东边墙	市级	多已不存，偶有残迹	历史信息标识
23	清柳条边遗址沈阳段	省级	大部分已经被开垦为耕地，只残存极少部分遗址	保护与展示信息标识
24	兴城古城	国家级	外城现已无存，内城经历代维修，基本保持原貌	历史信息标识
25	中前所城	国家级	现唯有西门罗城尚存	综合标识

7.6.2　遗产点标识布点及对应标识

本节仅以东京陵作为遗产点标识的示范进行重点研究及设计。

在已经完成了东京陵遗产区域展示和遗产群标识的前提下，进一步展开对遗产点内部的标识设计。其遗产点标识类型主要有历史信息标识、考古信息标识以及保护与展示信息标识，如图 7.5 所示。

具体标识布点及内容如下。

历史信息标识：在舒尔哈奇陵园碑亭前、穆尔哈奇陵园墓碑前设置标识。主要标识舒尔哈齐墓、褚英墓以及穆尔哈奇墓的墓主人生平事迹，对东京陵陵寝形制、建筑艺术作简要介绍。

考古信息标识：在三座坟丘前设置标识点或标识带。标识舒尔哈齐墓、褚英墓以及穆尔哈奇墓出土文物情况，介绍三座陵园的考古相关信息。

保护与展示信息标识：沿着三座陵园进深方向中轴线进行线性标识。标识三座陵园保护工程现状，以及东京陵历史、文化、人文以及建筑、艺术等内容的主题。

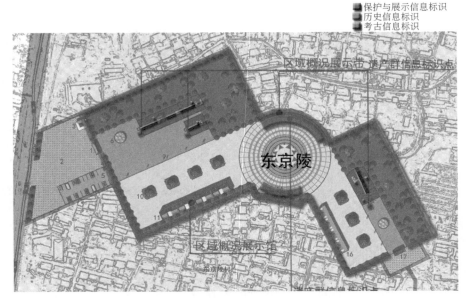

图 7.5　东京陵遗产点标识布点及对应标识

7.7　展示与标识的范例设计

7.7.1　设计理念及系统构成内容

（1）设计理念

辽宁这片土地遗存着众多前清建筑文化遗产，由于大量的城市与城镇化进程，一些遗产已经或即将遭到不同程度的破坏，这些都亟待我们对其进行保护。区域展示与标识系统的建立，不但可以对建筑文化遗产点内部形成系统、连续、完整的标识体系，同时是区域内建筑文化遗产形成整体保护与利用的重要组成部分。展示与标识的范例设计力求对每一种展示与标识样式进行设计，突出前清历史文化背景，既能唤起参观者产生历史共鸣，又对保护辽宁前清历史文脉起到至关重要的作用。

（2）系统构成内容

系统构成内容如表 7.18 所示。

表 7.18　辽宁前清建筑文化遗产展示与标识系统构成内容

分类	展示及标识	展示或标识样式及材质
区域标识	露天原状展示	保持建筑文化遗产本体；原材质直接暴露
	复原展示	复原城墙、城门、角楼等实物或模型；钢架
	地面标识展示	绿色植被、地砖、广场等
	场馆保护展示	博物馆，展示馆
	虚拟与模拟展示	触摸屏，三维立体成像，幻灯模式等
	场景展示	文化艺术节，祭祀活动以及宗教仪式活动
遗产群及遗存点标识	历史信息标识	碑，牌或多媒体牌，浮雕墙；花岗岩
	考古信息标识	参观扶手，石凳座椅，灰花岗岩
	保护与展示标识	碑，牌等结合解说系统；黑花岗岩、玻璃
	综合标识	以上两种或以上组合标识

资料来源：作者自绘

7.7.2　遗产区域展示的范例设计

（1）遗产区域展示本体范例设计

展示本体范例设计如表 7.19 所示。

表 7.19　建筑文化遗产区域展示本体范例设计

遗产名称	展示	展示范例设计
东京陵	原状复原展示	
	场馆保护展示	

遗产名称	展示	展示范例设计
中前所城	构架复原展示	资料来源：李维，2008
	虚拟与模拟展示	
沈阳故宫	地面标识展示	
沈阳北塔 法轮寺	场景展示	

（2）辅助标识设计

辅助性导向标识分为三级：

一级导向标识，设置于辽宁省内通往各遗存点之间的高速公路路口及转弯处。主要形式为路牌、电子屏等，标识同一展示时间内相邻标识对象的方向、距离。路牌的形式、颜色、字体应统一设计，能够体现这一时期历史及建筑特征。

二级导向标识，设置于高速公路至建筑遗产之间的城镇或乡村道路中，指示附近的标识基地或标识点。主要形式有路牌、地图。

三级导向标识，设置于建筑遗产区域入口及具体建筑遗产单体前，用以指示具体建筑遗产信息。主要形式有标牌、文字与图片介绍等，如表 7.20 所示。

表 7.20　区域辅助性导向标识范例设计

分类	标识样式	标识范例设计
一级导向标识	路牌、电子屏	
二级导向标识	路牌、地图	

分类	标识样式	标识范例设计
三级导向标识	标牌、文字与图片介绍	 杜玉，2009

7.7.3　遗产群标识的范例设计

在辽宁前清建筑文化遗产的 25 个选取点中，前清战场遗址的标识基地——中前所城的标识样式包括历史信息标识，考古信息标识以及保护与展示信息标识三类，故选取中前所城作为主要的遗产群标识的范例进行设计，如表 7.21 所示。

表 7.21　辽宁前清建筑文化遗产群标识范例设计

遗产名称	标识类型	标识范例设计
东京陵	历史信息标识	 资料来源：俞泉，2011
中前所城	历史信息标识	 资料来源：俞泉，2011

遗产名称	标识类型	标识范例设计
中前所城	考古信息标识	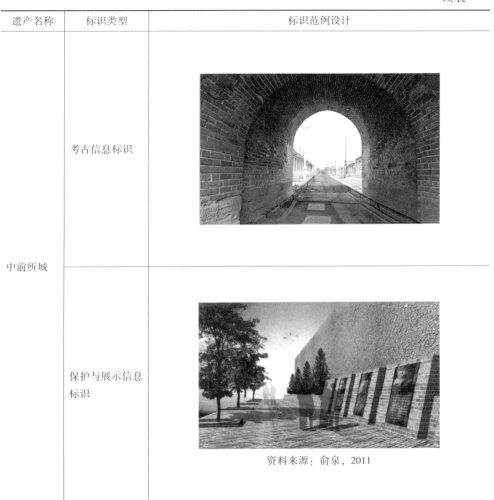
	保护与展示信息标识	资料来源：俞泉，2011

7.7.4　遗产点标识的范例设计

在辽宁前清建筑文化遗产的 25 个选取点中，东京陵遗产点的标识样式包括历史信息标识、考古信息标识以及保护与展示信息标识三类，故选取东京陵作为主要的遗产点标识的范例进行设计，如表 7.22 所示。

表 7.22　辽宁前清建筑文化遗产点标识范例

遗产名称	标识类型	标识范例设计
东京陵	历史信息标识	 资料来源：俞泉，2011
	考古信息标识	 资料来源：俞泉，2011
	保护与展示信息标识	 资料来源：李维，2008

第8章 辽宁前清建筑文化遗产区域解说系统

8.1 解说系统的概念与构建方法

8.1.1 解说系统的概念

解说系统是运用某种媒体和表达方式对遗产区域内保护建筑进行的综合具体解释，其作用是向人们解释辽宁前清文化遗产内保护建筑的重要历史人物、相关历史事件、风格与特征、历史价值、科学价值与艺术价值等主题。积极而精确的解释可以大大提高人们对前清文化遗产地保护对象及保护策略的了解和认知程度。

8.1.2 解说系统的构成要素

（1）解说对象

辽宁前清建筑文化遗产解说系统的对象指遗产区域的各类资源，高质量的解说对象是遗产区域的主要价值和整体形象的灵魂所在，是我们研究辽宁建筑文化遗产的意义所在，辽宁建筑文化遗产解说系统的解说对象主要指古建筑遗迹。

（2）解说受众

解说受众是解说系统的服务对象，辽宁前清建筑文化遗产区域的解说受众是辽宁省乃至全国全世界的对辽宁前清古建筑文化感兴趣的大众。对受众群体进行分析，研究不同受众群体的解说需求是设置解说系统、获得良好解说效果的基础，也是辽宁前清古建筑文化得以有效发挥的保证.

（3）解说内容

解说内容是在对解说对象进行分析的基础上得来的，是经过人为的筛选形成的能反映解说对象的性质、特点及相互关系的信息体系，必须能突出解说对象的内涵和特色。辽宁遗产区域的解说内容应围绕遗产区域古建筑来进行筛选，并以解说主题为依据，即重要历史人物、相关历史事件、建筑的风格与特征、历史价值、科学价值与艺术价值。

（4）解说方式

解说方式是信息传递功能的载体和手段，如技术解说、人员解说、解说出版物、展示陈列、情景再现和媒体广告等。解说系统依靠解说方式得到实现，解说方式被具体的运用到各个遗产点，是解说系统的实现途径。

8.1.3　解说系统构建的基本原则

（1）整体性原则

辽宁前清遗产区域是一个整体，制定保护与利用策略时应该全面综合地进行考虑，在区域整体的范围内通过网络、文本信息、人员培训、多媒体信息覆盖等方式建立解说系统。整体区域解说系统模式有助于各个遗产单体的保护，有些整体解说模式可被布置在遗产单体中，如以区域整体的主题为内容建立的网站可输入到遗产单体的系统中，便于参观者浏览。各遗产单体的价值构成了解说系统的整体价值，各个遗产单体解说系统的完善促进了整体区域解说系统的完善。

（2）人性化原则

解说系统的建构应充分考虑人的需求，以游客使用方便为前提。各解说设施位置的安排应充分考虑到游客使用情况，如在保护建筑入口处设置导游图、解说手册等，便于游客取用。除此之外，解说系统应充分考虑特殊群体的需求，尤其是残障人士、老人、儿童和国际游客，他们需要更加方便、专业化的解说方式来帮助他们克服沟通和交流上的障碍，方式包括语言、图画、手势等。如残障人士轮椅旋转需要的足够的空间，为老人准备的无障碍坡道，失聪的人所需要的助听器材或阅读材料，盲人所需要的盲文和其他触摸型媒体等。为了使辽宁建筑文化遗产走向世界，多语种解说也将成为发展趋势，汉语解说、英语解说、满文解说成为解说系统的首选。

（3）真实性原则

真实性原则是国际上公认的文化遗产保护评估的基本元素之一，每个文化遗产的真实的历史文化信息应得到最大限度的保留，因为其一经破坏将不可再生。对于已经遭到破坏的遗产信息应按照真实情况进行复原，不可任意篡改，必须经过科学考察和求证，具体措施为三维复原模型的建立、建筑完整景象照片展示、图片的绘制等。对残留真实建筑遗迹应采取积极的保留措施，禁止任何妄自的加建和改建。

（4）动态与持续发展的原则

解说系统建立后，应对各类解说设施的建设使用情况和发挥的成效做出科学的评估和总结，并根据科技进步、社会发展要求、游客数量、资金情况、人才建设等方面进行不断的更新和引进，以便适应社会的发展，满足游客日益增长的需求，依情况的变化逐步调整和完善。

8.1.4　解说系统的构建方法

（1）"面"的建构

"面"构建法，以景区、片区、风景名胜区等具有一定范围的地域为单位的解说系统构建方法。以辽宁遗产保护区域为整体建立解说系统，为前清文化遗产搭建解说网络，形成覆盖整个区域的"面"的解说系统。

（2）"线"的建构

"线"构建法，对"点"的组织协调和有机串联的解说系统构建方法。在辽宁遗产区域范围内，将不同的遗产划分为不同的解释性主题，将相似主题的遗产个体归纳为一个遗产群，并通过解说系统建立联系。将遗产群中遗产单体串联起来构成解说轴，建立解说系统虚拟的"联系线"，即为辽宁建筑文化遗产解说系统的"线"的建构。

（3）"点"的建构

"点"构建法，相对于整个遗产区域，每处遗产单体就成为一个遗产点。对每个遗产点进行解说系统的建构，形成辽宁建筑文化遗产解说系统"点"的建构。本书研究的前清文化遗产地共有 25 处保护建筑，即为 25 个遗产点。

8.2　区域整体解说系统

8.2.1　区域整体解说系统"面"的建构

在整个前清文化遗区域建立解说系统的"网络"，覆盖整个系统的网经升华成"面"，形成以历史遗产为载体的前清文化区域整体解说系统。从而对整个前清文化遗产区域的解说系统进行系统的整合，构建统一的区域解说系统。目前各个遗产点的解说系统孤立存在，需要从区域整体上对节点进行梳理，归类，整合，形成以辽宁前清文化区域整体为单位的解说系统"面"的建构。

8.2.2　解说系统"面"的主题

以辽宁前清建筑遗产区域为研究对象，这些地方发生过很多重要的历史事件，这些古建筑遗产物都具有相同的主题，使得他们成为辽宁遗产区域的一部分。整个区域的主题记录了满族从崛起、发展到进入山海关的重要过程，由此提炼出区域建筑遗产的共同主题——"前清文化"。"前清文化"这个区域性主题要想通过解说得以实现，必须经过提炼，概括成若干个分主题，从而使其更加细化和具体，便于观者接受。本书将辽宁前清文化的主题概括成为重要历史人物，建筑物相关重大历史事件，建筑风格与特征，建筑的历史价值、科学价值与艺术价值四个分主题，如表 8.1 所示。

（1）重要历史人物

辽宁前清文化遗产区域的主要故事线的发生发展离不开前清王朝的领导者：努尔哈赤、皇太极和多尔衮。这三个重要历史人物是前清时期按照时间顺序发生的相关重大历史事件的主要发动者，对于前期建筑遗产的研究具有重要的历史价值。故重要历史人物成为解说系统的主题之一。

（2）建筑物相关重大历史事件

辽宁前清文化遗产区域中的各建筑物的建造都与前清时代的某个重大历史事件相联系，因此，对历史事件的认知显得尤为重要，其对理解前清建筑文化遗产的主题有直接的帮助。因此，建筑物相关重大历史事件成为解说系统的主题之一。

（3）建筑风格与特征

建筑的风格与特征指建筑设计中在内容和外貌方面所反映的特征，主要在于建筑的平面布局、形态构成、艺术处理和手法运用等方面所显示的独创和完美的意境。建筑风格与特征是观众认识和理解建筑文化遗产的最直接的方式，也是前清建筑文化遗产区别于其他遗产物的表达形式，因此建筑风格与特征成为解说系统中最重要的主题之一。辽宁前清建筑文化遗产的风格与特征具有满族文化特色，同时拥有汉式建筑风格与藏式建筑风格，形成对比与统一的艺术风格，区别于其他建筑遗产。通过风格与特征的解说，将辽宁前清文化遗产独特的神韵传递给观者。

（4）建筑的历史价值、科学价值与艺术价值

文物遗产类的价值评价应该着眼于历史、科学和艺术三个方面，辽宁前清建筑遗产区域作为早期满清历史与文化的重要组成部分，有着丰富的历史文化价值、建筑文化价值、科学价值和艺术价值，是值得我们保护和利用的古建筑遗产。建筑文化遗产的价值只有通过解说的方式介绍给观众才能推广和发扬，有了群众和有关部门的支持，保护遗产才能实现保护和改建的目的。因此建筑的历史价值、科学价值与艺术价值成为解说系统主题中重要的部分。

表 8.1　辽宁前清建筑文化遗产区域的解说主题

时间	主题 1：重要历史人物	主题 2：建筑物相关重大历史事件	主题 3：建筑风格与特征	主题 4：历史价值、科学价值和艺术价值
1616～1626 年	努尔哈赤（1559～1626 年），清王朝的奠基人，女真首领努尔哈赤创建大金。通满语和汉语，喜读《三国演义》。二十五岁时起兵统一女真各部，平定中国关东部，明神宗万历四十四年，建立后金、割据辽东，萨尔浒之役元天命。之后，迁都沈阳。席卷辽东，攻下明朝在辽七十余城。1626 年兵败宁远城之役，同年 4 月，努尔哈赤又亲率大军，征蒙古喀尔喀，七月中旬，努尔哈赤身患毒疽，不久去世，葬于沈阳福陵，清朝建立后，尊为清太祖。	1. 1616 年建赫图阿拉城，女真首领努尔哈赤创建大金 2. 1618 年重建界藩城 3. 1620 年，萨尔浒大决战，建"萨尔浒城" 4. 1621 年，进军辽沈地区，迁都辽阳，建"东京城"	赫图阿拉城：分内外两城，城垣由土、石、木杂筑而成。主要建有汗宫大衙门，正白旗衙门，汗王井，关帝庙，满族民居，城隍庙等一大批古建筑群及遗址，整个建筑体现了满族民居的特点 界藩城：依山循势而建，城墙结合地形，充分利用崖壁峭石，修起险峻坚固的城墙。室内简单，注重功能。没有沿用"构外城"的做法，主要采取了以东、西两卫城拱卫着中间主城的独特形式，它不同于女真和满人常规的城垣营造方式 萨尔浒城：一座山城，山势布局，不讲规划。地势东低西高，将地势低的东面辟作外城，内城居于全城地势最高处。外城周围城墙以打板夯土结合自然险隘构成 东京城：依山就势建城，城呈菱形，其八门各有瓮楼、券洞。城端内填方土，底部石砌。东门中央有碎石、废旧石碴，石磨，碑碣等，表皮砌青砖。城内建有八角殿，汗宫，堂子等	赫图阿拉城是后金开国的第一都城，也是中国历史上最后一座山城式都城，更是它今存最完善的女真族山城。清王朝发祥之地，满族兴起的摇篮。它首创布椽筑城法，开创了大清建都之制等。在研究清前史、艺术、社会、文化、经济等方面具有无可替代的价值 界藩城的建筑特色反映了建造者依赖自然条件，重视防御功能，而不拘泥于某种单一模式和建城原则。对当时的社会人文思想和构筑手法的研究具有重大意义 萨尔浒城的建城思想和营造方法在一定程度上反映着女真人当年的建城特色和营造水平，也对后来在辽阳和沈阳建筑营造有一定的影响 东京城接近于"面朝后市，左祖右社"的布局模式，展现了中国古代城池建筑的特点。在这里，完成了后金政权由弱到强的根本转变，使女真社会发生了质的变化，为大清王朝的一统天下奠定了坚实的基础。东京城在清代建筑史上具有重要的意义

续表

时间	主题1：重要历史人物	主题2：建筑物相关重大历史事件	主题3：建筑风格与特征	主题4：历史价值、科学价值和艺术价值
1616～1626年	努尔哈赤（1559～1626年），清王朝的奠基者。通满语和汉语，喜读《三国演义》。二十五岁时起兵统一女真各部，平定中国关东部，明神宗万历四十四年，建立后金，割据辽东，建元天命。萨尔浒之役，努尔哈赤远城之后，攻下明朝席卷辽东七十余城。1626年兵败宁远宁城之役。同年4月，努尔哈赤又亲率大军，征蒙古喀尔喀。七月中旬，努尔哈赤身患毒瘤，不久去世，葬于沈阳福陵。清朝建立后，尊努尔哈赤为清太祖	5. 1624年，努尔哈赤从"清永陵"正找坟到东京陵。1626年皇太极议为"二祖陵"。1643年，清太宗皇太极尊赫图阿拉为兴京，赫图阿拉祖陵则称"兴京陵"	清永陵：由下马石碑、前院、方城、宝城、省牲所等几部分组成。沿南北中轴线排列着三进院落，正方形满堂黄琉璃山式四祖碑亭，三楹七踩斗拱、券门等各具特色	清永陵是我国现存规模较大、体系较完整的封建帝后陵寝建筑群。永陵形制与局独到，除清光帝陵仿之建造外，其他皇陵与其皆不类同。充分展示了清朝前期科学技术和文化艺术特色，是学者专家们研究清朝历史、科技、文化的实物资料
		6. 1624年建东京陵	东京陵：分三座陵园，其中舒尔哈齐奇呈长方形，面向东南，共两进院落，前为碑院，后为坟院，四周有丈余高的围墙。硬山式，青砖布瓦，大脊及螭吻兽头等饰件亦用青素。券门、碑亭、木门等各具特色	东京陵曾在清朝先祖建业辽沈期间为王室的祖陵，在清朝政权发展史上具有十分重要的意义，也是研究清初历史的重要遗迹
		7. 1625年，迁都沈阳，建盛京城。军国集团势力庞大	盛京城：努尔哈赤未改变原中卫城的城垣形制，反应了明代军城的街道格局	这时的盛京城保留了原有明代所建"中卫城"的形制，反应了明代军事城堡的建筑特色和价值
		8. 1625年，后金汗努尔哈赤将都城从东京移至明沈阳中卫城。1626年努尔哈赤病逝	沈阳故宫：具典型宫殿建筑特色。建筑大体按中轴线布置，分为东路、中路和西路。院落之间以游廊连接，具有满族特色。整体建筑为砖木结构，青色及红色砖墙，黄色琉璃瓦。大政殿、十王亭、大清门、崇政殿、凤凰楼、清宁宫等各具特色	沈阳故宫是中国现存仅次于北京故宫的最完整的皇宫建筑，在建筑艺术上承袭了中国古代建筑的传统，以汉族传统建筑风格和布局为主，兼具蒙、满等民族的历史和艺术价值

续表

时间	主题 1：重要历史人物	主题 2：建筑物相关重大历史事件	主题 3：建筑风格与特征	主题 4：历史价值，科学价值和艺术价值
1626～1643 年	皇太极，爱新觉罗氏，满族。清太宗文皇帝，清太祖爱新觉罗·努尔哈赤第八子，努尔哈赤去世后，皇太极受推举袭承汗位，称天聪汗，前后在位 17 年。在位期间，发展生产，增强兵力，不断对明作战，公元 1636 年（明崇祯九年，清崇德元年），皇太极改女真族为满族，在沈阳称帝，建国号清。为下阶段大清迅速扩展入主中原，打下了坚实的基础	1. 皇太极继汗位，对"盛京城"进行加建完善	盛京城："井字形"街道，九宫格式布局。内城、外郭两重城垣，郭圆城方	盛京城体现了八旗制度和后金早期军民主政体，也体现了满族的民族特色，具有极高的考古意义和历史价值
		2. 1626 年 1 月清太祖统军攻"兴城古城"，败于城下	兴城古城：略呈正方形，城的四面正中皆有城门，门外有半圆形瓮城，四周廊式箭楼，钟鼓楼、魁星楼、祖氏牌坊各具特色	兴城古城是我国现存最完整的一座明代古城，是唯一一座方形卫城。是明末清初的"宁远保卫战"和"宁锦大捷"等的历史见证地
		3. 1627 年建"清真南寺"	清真南寺：以青砖墙围的中国古代殿宇建筑，三进院落，具有民族和宗教特点，并具风格调特色	伊斯兰教建筑群体，为东北地区最大最有名的伊斯兰教礼拜寺，具有极高的研究价值
		4. 1628 年一名叫慧清的僧人创建了"慈恩寺"	慈恩寺：寺院由东向西展开，面向东面道路的山门三盈，钟鼓、天王殿、大雄宝殿、藏经楼等各具特色	慈恩寺是沈阳的佛门重地，对佛教建筑的研究具有重要意义
		5. 1636 年清太宗皇太极赐建"实胜"皇寺，又称"皇寺"	实胜寺：寺院呈长方形，坐北朝南，分为前后两进院落。沿中轴线依次为山门，天王殿和大殿，两侧建有钟楼、鼓楼、配殿等，规模宏大，布局严整，高低错落，主次分明，显示出很高的建筑水平	实胜寺是清政府在东北地区建立的第一座正式藏传佛教寺院，也是清军入关前盛京最大的喇嘛寺院。对研究宗教建筑和特定历史时期的社会形态具有重要价值

续表

时间	主题1：重要历史人物	主题2：建筑物相关重大历史事件	主题3：建筑风格与特征	主题4：历史价值，科学价值和艺术价值
1626～1643年	皇太极，爱新觉罗氏，满族，清太宗文皇帝，清太祖爱新觉罗·努尔哈赤第八子，努尔哈赤去世后，皇太极受推举袭承汗位，称天聪汗，前后在位17年。在位期间，发展生产，增强兵力，不断对明作战，公元1636年（明崇祯九年，清崇德元年），皇太极改女真族为满族，建国号清，沈阳称帝，杏之明清迅速扩展入主中原，打下了坚实的基础	6. 1629年修建"清福陵" 7. 前清汉传佛教的发展 8. 完善八旗兵制 9. 完整割据东北 10. 1638年清王朝为了保障陪都盛京在经济和政治上的特权利益，修筑了一道"边墙"——"清道"柳条边 11. 1639年太极率兵炮击松山城，拉开了明清松、杏之战的序幕 12. 1641年建"永安石桥"，是清入关前由盛京西达山海关的交通要道	清福陵：规模宏大，设施完备，是主要建筑规模宏伟的古代帝王陵墓建筑群。因山势形成前低后高之势，南北狭长，划分为以下部分：大红门外区，神道区，方城，宝城区。其中下马碑、石牌坊、正红门、神道、石像生等建筑物各具特色 清柳条边：一条用柳条篱笆修筑的封禁界线，没有凭险而设的坚固工程，也没有军事意义，是一条标示禁区的界线 明清松、杏战场遗址：原址段环境尽，现仅残存的两道城墙是后修建的 永安石桥：三孔砖拱石桥，结构坚固，造型壮观。栏板，石雕，刻字等精美绝伦	清福陵是皇室从事礼制活动的主要场所。无论是建筑遗存，还是其所包涵的历史史实，乃至清初的殉葬制度、祭祀制度，职官制度，政治，经济，文化等方面的实物资料。究清朝寝陵寝制度，丧葬礼仪乃至清初 清柳条边是在特定的历史环境，条件下产生的，它对研究清初的政治，经济，社会等方面问题，有着重要的参考价值 明清松、杏之战为清兵进关开辟了道路。此遗址是当时历史事件的记录 永安石桥充分体现了我国古代桥梁建筑风格

续表

时间	主题1：重要历史人物	主题2：建筑物相关重大历史事件	主题3：建筑风格与特征	主题4：历史价值、科学价值和艺术价值
1626～1643 年	皇太极，爱新觉罗氏，满族，清太宗文皇帝，清太祖爱新觉罗·努尔哈赤第八子，努尔哈赤去世后，皇太极受推举袭承汗位，称天聪汗，前后在位 17 年。在位期间，发展生产，增强兵力，不断对明作战，公元 1636 年（明崇祯九年，清崇德元年），皇太极改女真族为满族，建国号清。沈阳称帝。建立大清，为下阶段大清迅速扩展入主中原，打下了坚实的基础	13. 1643 年，清太宗皇太极敕令，以沈阳古城为中心，在东西南北塔四寺，即建四塔四寺，即"东塔永光寺"，"西塔延寿寺"，"南塔广慈寺"，"北塔法轮寺" 14. 1643 年建"清昭陵"	北塔法轮寺：砖筑的中国藏式喇嘛塔，由塔基坛、天王殿、大殿、楼、钟楼、鼓楼、晾经楼、僧房等各具特色 东塔永光寺：砖筑的中国藏式喇嘛塔。由基座，塔身，相轮三部分组成。基座，立柱，雕花，宝盖等各具特色 南塔广慈寺：建造形式为藏式喇嘛塔，由基座，塔身，相轮三部分组成。基座，石柱，塔身，相轮，塔刹各具特色 清昭陵：陵寝建筑的平面布局遵循"前朝后寝"的陵寝原则，自南向北由前，中，后三个部分组成，其主体建筑都建在中轴线上，两侧对称排列。仿明朝皇陵又具有满族陵寝的特点	北塔法轮寺，东塔永光寺和南塔广慈寺是现存沈阳四塔四寺中最完整的三座，是环古盛京四塔四庙的一部分，对研究中国藏式喇嘛及前清历史具有重要价值。反映了清初藏传佛教对满族的深厚影响 清昭陵是清初有关机关陵寝中具代表性的一座帝陵，是我国现存最完整的古代帝王陵墓建筑之一。具有极高的历史，科学和艺术价值

续表

时间	主题1：重要历史人物	主题2：建筑物相关重大历史事件	主题3：建筑风格与特征	主题4：历史价值、科学价值和艺术价值
1643～1644 年	多尔衮（1612～1650年），努尔哈赤第十四子。少年时多次随兄出征蒙古与明朝，1626 年封贝勒；崇德元年因战功封和硕睿亲王；崇德八年（1643 年）辅政	1. 1643 年多尔衮辅政 2. 1644 年清世祖派郑亲王济尔哈朗和阿济格征明宁远城。"中前所城"被清军攻陷，为清军入关扫清了道路 3. 1644 年，清军从"辽东边墙"进入山海关	中前所城：修建于明宣德三年，城基本呈正方形。"中前所城"基部为条石砌筑 辽东边墙：因其边墙呈"回"字形，故又称"回"字形边墙，边墙建筑基本上因地制宜，就地取材，是夯筑土坯的土墙，是夹板填土筑的土墙，沿线设计有边堡	中前所城是清人关前明朝的战略要地，是保卫京师北京的重要屏障。具有极高的历史价值和艺术价值 辽东边墙是明代防御蒙古和女真各部的军事工程，是保卫北京的重要屏障。对于其历史时期明建筑、军事等领域研究具有极高的历史价值

8.2.3　"面"解说系统的主要内容

在辽宁前清文化遗产区域内建立解说系统，以整个区域的主题作为解说对象，其主要内容包括传播文本信息，建立计算机网络，制作多媒体音像制品，策划系列文化活动，建立解说示范区、设立解说主题服务周，培养专业讲解人员，如图 8.1 所示。

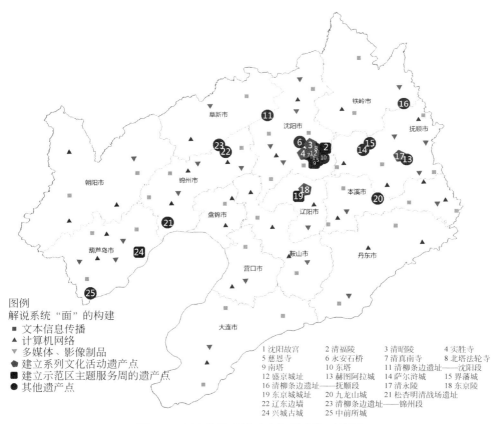

图例
解说系统"面"的构建
■ 文本信息传播
▲ 计算机网络
▼ 多媒体、影像制品
⬟ 建立系列文化活动遗产点
■ 建立示范区主题服务周的遗产点
● 其他遗产点

1 沈阳故宫	2 清福陵	3 清昭陵	4 实胜寺
5 慈恩寺	6 永安石桥	7 清真南寺	8 北塔法轮寺
9 南塔	10 东塔	11 清柳条边遗址——沈阳段	
12 盛京城址	13 赫图阿拉城	14 萨尔浒城	15 界藩城
16 清柳条边遗址——抚顺段		17 清永陵	18 东京陵
19 东京城址	20 九龙山城	21 松杏明清战场遗址	
22 辽东边墙	23 清柳条边遗址——锦州段		
24 兴城古城	25 中前所城		

图 8.1　辽宁前清建筑遗产解说系统区域图

（1）传播文本信息

文本信息主要指书籍、报纸、杂志、印刷手册、导游图等多种传播媒介，人们从中获取关于遗产的相关消息。遗产区域有关书籍的出版具有较高的专业性和保存价值，人们可在各大城市的书店购买，使区域遗产地主题得到更为广泛的传播。报纸、杂志是一种高效和便捷的传播媒介，将遗产地的解说主题刊登在报纸、杂志的旅游版面或其他版面上使得信息传播更加方便。旅游印刷手册是具体在每个遗产地旅游景点获取的，使游客能够在最短的时间内完成对于景点建筑物布局、建筑物相关知识的了解。解说系统主题的文本信息表达形式多样，其中历史人物通过肖像画、人物生平的形式表达，建筑风格与特征通过文字描述、建筑整体及局部图片的形式表达，建筑相关重大历史事件通过文献图片、文字描述表达，如表 8.2 所示。书籍、报纸、杂志、印刷手册等的版面设计中色彩和纹样符号从古建遗产中提取。辽宁前清文化区域遗产的色彩以灰、红、黄、蓝、白、金、绿为主，文本的版面主页及附页的色彩设计从中进行提取。辽宁前清文化区域遗产的特色建筑细部以檐口、斗拱、额枋、基座、栏杆、雕饰等为主，文本版面设计可通过这些建筑细部的图片直接应用或抽象、简化进行设计，如表 8.3 所示。辽宁前清文化遗产 25 个遗产点的解说系统均需通过文本信息的传播进行表达。

表 8.2　区域整体的解说主题通过文本信息的表达形式

主题	表达形式
历史人物	肖像画，人物生平
建筑风格与特征	区域整体各遗产建筑的整体或局部照片，说明性图片，复原图片，文字描述
建筑相关重大历史事件	相关历史资料
建筑历史价值、科学价值和艺术价值	文字描述

表 8.3　文本版面设计的色彩符号提取及纹样符号提取

信息文本版面设计	色彩符号提取	灰、红、黄、蓝、白、金、绿等
	纹样符号提取	檐口、斗拱、额枋、基座、栏杆、雕饰等

（2）建立计算机网络

随着时代的发展，计算机网络已经相当普及，可以说是最为有效而无障碍的传播方式。计算机网络系统使过去由于身份差异、语言差异、地域差异而形成的信息失衡现象得到缓解。建立辽宁前清建筑文化保护区域的宣传网站是信息传播极为有力的手段，并且能够广泛的应用于各个遗产点中。网站通过点击触摸屏的形式呈现，方便易行，深受游客喜爱。网站的建立应具有清晰性，对于依照主题划分的遗产群应有较为明显的区分，每个遗产点都应包括在内，并附有简要的说明文字、清晰的图片，使观看者能够轻松的打开、浏览。辽宁前清建筑遗产的解说系统的主题在网站中必须得到体现，并通过点击生成。具体点击查看的方式如图 8.2、图 8.3 所示。网站的建立应富有前清建筑文化特色，提取前清建筑文化独有的符号元素、色彩元素等进行创作。具体提取方式同文本信息，如表 8.2、

表8.3所示。计算机网络系统的利用不仅使人们能够便捷的了解遗产地的相关信息，同时也为辽宁前清建筑文化遗产区域打造了独特的形象。辽宁前清文化遗产25个遗产点的解说系统均需建立计算机网络。

辽宁前清建筑文化遗产保护区域 →（点击生成）→ 遗产群名称 →（点击生成）→ 遗产群的解说主题

遗产群各建筑名称 →（点击生成）→ 各建筑解说主题

图8.2　主题通过计算机网络系统点击屏幕生成的方式

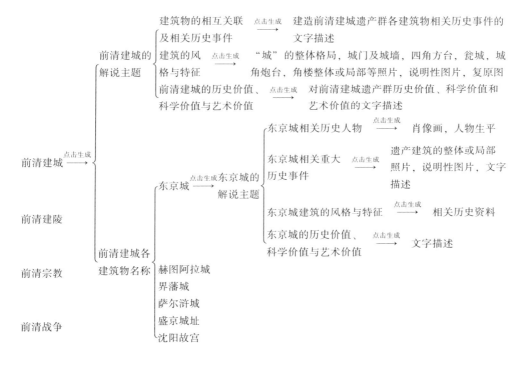

图8.3　辽宁前清建筑文化遗产的主题通过点击屏幕生成的方式

（3）制作多媒体音像制品

多媒体、VCD、DVD、电视、电影等制品，重视观赏效果，其信息本身具有很强的图像性，促进了大众传播的视觉化走向。电视、电影的制作使遗产地文化更加形象、更具有故事性和艺术性，让更多的人能够轻松的接受。多媒体，在计算机系统中指组合两种或两种以上媒体的一种人机交互式信息交流和传播媒体。使用的媒体包括文字、图片、照片、声音（包含音乐、语音旁白、特殊音效）、动画和影片，通过与观众的互动达到传播的效果，受到广泛的欢迎。在辽宁前清文化遗产地的25个遗产点均设置多媒体音像制品的销售，人们可以在各个遗产点轻松的购买。除此之外，通过音像制品的大规模生产，在各大城市的书店、音像店也设置销售点，使辽宁前清建筑文化遗产的传播更加普及。

辽宁前清建筑文化遗产的主题通过多媒体音像制品的表达形式如表 8.4 所示。

表 8.4　区域整体的解说系统通过多媒体音像制品的表达形式

主题	解说系统主要内容	表达形式
历史人物	多媒体、VCD、DVD	肖像画，人物生平
	电视、电影	演员表演。具体方式：服装、道具、化妆等
建筑风格与特征	多媒体、VCD、DVD	整体遗产区域各建筑整体或局部照片，复原图片，解说员解说
	电视、电影	以整体遗产区域各遗产建筑物作为拍摄地点，或以 1∶1 建筑模型作为拍摄地点，使建筑风格与特征通过事件背景的形式体现
相关历史事件	多媒体、VCD、DVD	区域整体各建筑的文献资料、图片的引用，影片片段的节选
	电视、电影	演员表演，场景复原再现
建筑的历史价值、科学价值与艺术价值	多媒体、VCD、DVD	文字描述，解说员解说
	电视、电影	影片人物、故事情节编排

（4）策划系列文化活动

前清文化是辽宁省最重要的历史文化之一，也是本书所研究的遗产区域的解说系统的主题。系列文化活动包括清文化节、庙会、学术报告会、文化遗产博览会等，在辽宁省策划系列文化活动对弘扬前清建筑文化具有较为深远的意义。此类活动已在辽宁省沈阳市多次举办，如沈阳自 2009 年以来多次举办过清文化节，活动包括主题晚会、国际学术研讨会、群众文体活动、清文化展、清文化影视周、满族形象代言人、文化项目招商洽谈会、"甲申祭祖"仪式等。辽宁前清遗产区域的主题通过系列文化活动来表达有较多形式，如表 8.5 所示。笔者根据遗产点的地理位置是否位于城镇等人口密集地带，遗产点的保留程度，遗产物的价值等因素决定其是否设置系列的文化活动，最终在 25 个遗产点中确定 5 个遗产点作为策划系列文化活动的场地，如表 8.6 所示。

表 8.5　区域整体的解说主题通过系列文化活动的表达形式

主题	解说系统的内容	表达形式
历史人物	清文化节、庙会	演员表演。具体方式：服装、道具、化妆等
	学术报告会、前清文化遗产博览会	文献资料、图片、专家讲解、学术交流
建筑物相关重大历史事件	清文化节、庙会	历史场景再现，演员表演、文献资料、图片
	学术报告会、前清文化遗产博览会	文字、图片、专家讲解、学术交流
建筑风格与特征	清文化节、庙会	活动举办地建筑物：作为活动背景景观；非活动场地建筑物：文字、图片
	学术报告会、前清文化遗产博览会	文字、图片、专家讲解、学术交流
建筑历史价值、科学价值与艺术价值	清文化节、庙会	主持人解说、文艺演出
	学术报告会、前清文化遗产博览会	文字、专家讲解、学术交流

表 8.6　举办系列文化活动的遗产点一览表

举办系列文化活动的遗产点	原因
盛京城	位于沈阳市区，保存完整，代表城池建筑特色
清昭陵	位于沈阳市区，保存完整，代表皇家陵墓建筑特色
实胜寺	位于沈阳市较繁华区段，保存完整，第一座正式藏传佛教寺院
清永陵	位于抚顺市区内，为世界文化遗产点
东京城	位于辽阳市区内，代表城池建筑特色

（5）建立解说示范区、设立解说主题服务周

为了使遗产区域更加注重公众参与性，在遗产区域内设立专门的解说示范区，有助于调动广大市民的积极性，使游客主动参与遗产区域的解说项目。借助解说服务周，免费为市民提供解说服务，让市民在活动中参与和体验，提高辽宁文化遗产解说主题的可认知性。辽宁前清文化遗产区域的主题，通过建立解说示范区、解说主题服务周来表达的形式主要包括解说员讲解，历史资料的发放，解说词的讲授，邻里交流等。笔者根据遗产点的地理位置是否位于城镇等人口密集地带，遗产点的保留程度，遗产物的价值等决定其是否建立解说示范区和设立解说主题服务周活动，最终在 25 个遗产点中确定 5 个遗产点作为建立解说示范区

和设立解说主题服务周的场地，如表8.7所示。

表8.7　建立解说示范区、设立解说主题服务周的遗产点一览表

遗产点	原因
东京陵	保存完整
沈阳故宫	位于沈阳市区，保存完整，代表皇家宫殿建筑特色
兴城古城	位于兴城市区，保存完整，代表城池建筑特色
南塔	位于沈阳市较繁华区段，保存完整，代表寺庙建筑特色
清福陵	位于沈阳市区，保存完整，代表皇家陵墓建筑特色

（6）培养专业讲解人员

目前辽宁前清文化建筑遗产各遗产点的解说人员较为匮乏，急需壮大讲解员队伍，主要包括加大现有讲解员的培训教育和引进专业讲解员。在加大人才队伍建设的同时，也需要借助外部力量，采取与各大科研机构、高等院校合作的方式，提高讲解员素质。也可以与非政府组织、社会志愿者等合作，建立与景区服务设施相配合的解说队伍。对专业讲解人员的培养，使辽宁前清文化遗产区域的主题得到更具准确性、清晰性、注重人性化、多语种的专业的解说。

8.3　遗产群解说系统

8.3.1　遗产群解说系统"线"的建构

区域建筑遗产的共同主题——"前清文化"，主要包括前清建城、前清战争、前清建陵和前清宗教四个方面，形成四个遗产群，遗产群间具有历史事件的关联性、建筑风格特征的相似性、建筑价值的同一性。

将四个遗产群在解说系统中建立联系，形成四条虚拟的"线"，使解说系统的脉络更加清晰，便于观者理解。四个遗产群的四条虚拟的"线"形成四个解说轴，建立一系列统一的解说措施，完成遗产群解说系统"线"的建构，如图8.4所示。

8.3.2　遗产群"线"的解说主题

前清建城、前清战争、前清建陵和前清宗教四个遗产群具有自身的主题，在遗产群的各遗产点之间建立联系，形成四条主题线。对各个遗产群分别进行统一的解说，使观者在参观遗产群中一个遗产点的同时，能获取到遗产群中其他遗产点的主题信息。通过对辽宁建筑文化遗产地解说系统"线"的主题的构建，使

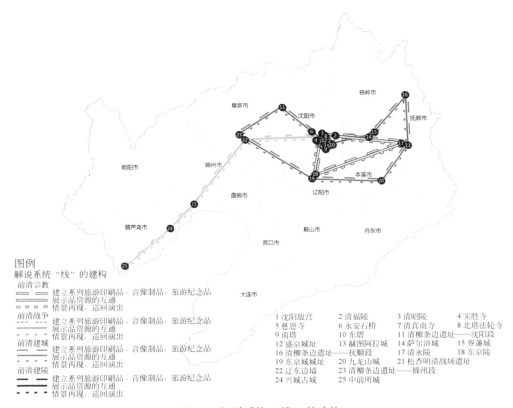

图例
解说系统 "线" 的建构

前清宗教
　建立系列旅游印刷品、音像制品、旅游纪念品
　展示品资源的互通
　情景再现，巡回演出

前清战争
　建立系列旅游印刷品、音像制品、旅游纪念品
　展示品资源的互通
　情景再现，巡回演出

前清建城
　建立系列旅游印刷品、音像制品、旅游纪念品
　展示品资源的互通
　情景再现，巡回演出

前清建陵
　建立系列旅游印刷品、音像制品、旅游纪念品
　展示品资源的互通
　情景再现，巡回演出

1 沈阳故宫	2 清福陵	3 清昭陵	4 实胜寺
5 慈恩寺	6 永安石桥	7 清真南寺	8 北塔法轮寺
9 南塔	10 东塔	11 清柳条边遗址——沈阳段	
12 盛京城址	13 赫图阿拉城	14 萨尔浒城	15 界藩城
16 清柳条边遗址——抚顺段	17 清永陵	18 东京陵	
19 东京城城址	20 九龙山城	21 松杏明清战场遗址	
22 辽东边墙	23 清柳条边遗址——锦州段		
24 兴城古城	25 中前所城		

图 8.4　解说系统 "线" 的建构

观者更加清晰的理解整个区域的主题——"前清文化"的脉络。遗产群 "线" 的解说主题分为建筑物相互关联及相关历史事件，风格与特征，历史价值、科学价值和艺术价值，如表 8.8 所示。

（1）建筑物相互关联及相关历史事件

前清建城、前清战争、前清建陵和前清宗教四个遗产群的各个遗产点之间具有联系性，他们被前清历史时期的重大历史事件相互串联。对建筑物相互关联及相关历史事件的解说使得观者对遗产群得以更加深入的理解，使其成为遗产群的解说主题之一。

（2）风格与特征

前清建城、前清战争、前清建陵和前清宗教四个遗产群各自具有独特的风格与特征。其建筑类型分别为城池、战场、陵墓、寺院，它们的建筑格局、平面形式、建筑细部等均别具特色。遗产群的风格与特征作为解说主题的确立，使得人们在欣赏遗产群各建筑物外部风貌的同时，对相关知识也有更加深入的理解，从而提高保护意识。

（3）历史价值、科学价值和艺术价值

前清建城、前清战争、前清建陵和前清宗教四个遗产群各自具有历史价值、科学价值和艺术价值，它们或记录了城池建筑、陵墓建筑的历史发展过程，或见证着满族宗教与其他民族宗教融合的历史过程，或成为战争的实物遗产。对遗产群价值的解说，使观者认识到历史遗产的唯一性和不可再生性，从而认识到文物保护的必要性。因此历史价值、科学价值和艺术价值成为遗产群解说系统的主题之一。

表 8.8 解说系统"线"的主题

遗产群名称	主题 1：遗产群建筑物相互关联及相关历史事件	主题 2：遗产群的风格与特征	主题 3：遗产群的历史价值、科学价值和艺术价值
前清建城	前清建城中五座城池同为努尔哈赤统治时期搬迁所建。其中"赫图阿拉城"始建于 1602 年。1616 年，努尔哈赤在此建立后金。1619 年，为攻打萨尔浒，努尔哈赤建"界藩城"。1620 年，萨尔浒大战胜利之后，为向辽沈逼近，建"萨尔浒城"。1621 年，进入辽沈地区，在辽阳建"东京城"，定为国都。1625 年，努尔哈赤迁都沈阳，建"盛京城"	前清建城五座城池同为满族所建，满族在城池建设规划上，宫殿建筑的材料、结构、构造方面，民居建造方面都具有鲜明的民族特点	前清建城反映了努尔哈赤出于政治、军事和经济等目的将都城多次搬迁，步步西移，逐渐向明廷统治的北京城逼近，最终将后金都城确定在今沈阳地区范围之内的历史过程。前清古城的建设经历了一个规模上逐步扩展、形制上逐步完善、技术上逐步成熟的演进过程。从赫图阿拉城到盛京城反映了满族从崛起到进驻辽沈地区的都城建造的历史发展过程
前清战争	前清战争各建筑同为清入关前发生的明清战争的战场。其中有 1619 年萨尔浒之战战场"萨尔浒城"。1626 年宁远之战战场"兴城古城"。清入关前的重要战略要地"中前所城"。1643 年山海关之战战场"辽东边墙"	前清战争各建筑同为具有防御功能的军事工程。其中辽东边墙、兴城古城、中前所城均为明代所建。萨尔浒城的建城思想和营造方法在一定程度上反映着女真人当年的建城特色和营造水平	前清战争各建筑反映了入关前后金与明朝发生的战争到后金军队取得胜利后进入山海关的明清战争历史进程。是战争历史的实物遗产，对当时历史事件的研究以及古建筑特点的研究具有极高的价值

续表

遗产群名称	主题1：遗产群建筑物相互关联及相关历史事件	主题2：遗产群的风格与特征	主题3：遗产群的历史价值、科学价值和艺术价值
前清建陵	前清建陵各建筑物同为满族祭祀祖先而在不同地区修建的祖陵。1624 年，努尔哈赤从"清永陵"迁祖坟到"东京陵"。1629 年修建"清福陵"。1643 年建"清昭陵"	前清建陵各建筑具有肃穆的环境氛围。祭祀礼仪具有特色的轴线关系。在修建上具有鲜明的满族文化特点。比如福陵、昭陵中修建的"月牙城"和"雉堞、角楼"，都是其独有的	前清建陵各建筑是满族统治者为祭祀祖先而在不同地区修建的祖陵，记载着前清时期满族修建祖陵的发展过程。这些文化遗产具有重要的建筑史、建筑文化研究价值
前清宗教	前清宗教各建筑物是前清历史时期的满族统治时期为不同宗教而建的寺庙，同属于宗教类建筑。崇德元年，在城内修建了东北地区最大的喇嘛教寺庙——"实胜寺"，这是当时规模最大、最为壮观的喇嘛教寺院。1927 年建"清真南寺"，为东北地区最大最有名望的伊斯兰教礼拜寺。1628 年建"慈恩寺"，是城内最大的汉传佛教。1643 年，皇太极又在盛京城外四面开始修建塔寺，即"东塔永光寺"、"西塔延寿寺"、"南塔广慈寺"、"北塔法轮寺"，这四塔均为藏式喇嘛塔	前清宗教中的实胜寺、慈恩寺、四塔、清真南寺分别为东北地区建立的第一座正式藏传佛教寺院、城内最大的汉传佛教寺院、砖筑的中国藏式喇嘛塔、有名望的伊斯兰教礼拜寺。体现了前清历史时期各大宗教建筑的风格与特征	前清宗教各建筑物是为满足不同宗教信仰而建的寺庙。满人以前只有一种宗教信仰——萨满教，但是自从定都沈阳后，他们不但把本民族的古老宗教萨满教带入了沈阳，并逐渐的接受佛教、道教、伊斯兰教等宗教，在沈阳修建了不同类型的寺庙，反映了前清时期满族与其他民族融合的历史过程

8.3.3　"线"解说系统的主要内容

在辽宁前清建筑文化遗产中，以每个遗产群的主题作为解说对象，分别进行解说。其主要内容包括建立系列印刷出版物，展示资源的互通，统一制作音像制品，建立系列旅游纪念品，情景再现、巡回演出。

（1）建立系列印刷出版物

出版物是解说系统中具有持续性、全面性、深入性特点的讲解教育载体。这里的印刷出版物指的是导游图、印刷手册、宣传单。在遗产群间建立系列的印刷出版物使观者更清晰明了的感知遗产群中各建筑的相互关联，从而对此类遗产具有较为深刻的理解。其中"系列的"指的是相互关联的成组成套的，具体体现在印刷出版物的内容、版面设计、色彩等方面。印刷出版物的内容涵盖遗产群的主题，即遗产群中各遗产建筑的相互关联及历史事件，风格特征，历史价值、科学价值和艺术价值等，表达形式如表 8.9 所示。色彩的运用应从遗产群各建筑的颜色中进行选择，提取能反映遗产群特色的典型颜色进行设计，如表 8.10 所示。纹样设计从遗产群的建筑物的特色形制和细部中提取，具有提醒和标识作用，如表 8.11 所示。

表 8.9　遗产群通过建立系列印刷出版物的表达形式

遗产群	主题	表达形式
前清建城	遗产群建筑物相互关联及相关历史事件	对前清建城遗产群各建筑物相关历史事件的文字描述
	遗产群建筑物的风格与特征	"城"的整体格局、城门及城墙，四角方台，瓮城，城角炮台，角楼整体或局部等照片，说明性图片，复原图片，及相关文字描述
	遗产群的历史价值、科学价值和艺术价值	对前清建城遗产群历史价值、科学价值和艺术价值的文字描述
前清建陵	遗产群建筑物相互关联及相关历史事件	对前清建陵遗产群各建筑物相关历史事件的文字描述
	遗产群建筑物的风格与特征	具有前清满族特色的陵墓建筑格局、祭祖广场、宝顶、坟丘、碑亭、碑楼、环境氛围、轴线关系等照片、说明性图片，复原图片及相关文字描述
	遗产群的历史价值，科学价值和艺术价值	对前清建陵遗产群历史价值、科学价值和艺术价值的文字描述
前清宗教	遗产群建筑物相互关联及相关历史事件	对前清宗教遗产群各建筑物相关历史事件的文字描述
	遗产群建筑物的风格与特征	反映前清佛教建筑的格局和形制、佛寺建筑的参拜轴线的说明性图片及照片。反映宗教建筑特色的"礼拜殿"、"讲堂"、"山门"、"塔"、"大雄宝殿"等的照片、说明性图片及相关文字描述。前清佛教、道教的发展脉络的文字描述
	遗产群的历史价值，科学价值和艺术价值	对前清宗教遗产群历史价值、科学价值和艺术价值的文字描述

续表

遗产群	主题	表达形式
前清战争	遗产群建筑物相互关联及相关历史事件	对前清战争遗产群各建筑物相关历史事件的文字描述
	遗产群建筑物的风格与特征	反映前清战场遗址的整体格局的照片或说明性图片。地形地貌图、复原图片及相关文字描述。前清战场考古信息、流程相关文字描述。历史、历史教育意义的相关文字描述
	遗产群的历史价值，科学价值和艺术价值	对前清战争遗产群历史价值、科学价值和艺术价值的文字描述

表 8.10　四个遗产群版面色彩设计的确定

遗产群	色彩分布	色彩确定	色彩提取的主要建筑物名称	色彩选择原因
前清建城	灰、红、深灰、蓝、黄	红	东京城天佑门 赫图阿拉城汗宫大衙门 沈阳故宫崇政殿 盛京城角楼	红色是古代柱子、门窗框等的颜色，能够代表城池建筑特色
前清建陵	灰、红、黄、绿	黄	清福陵隆恩殿 东京陵舒尔哈奇陵园碑亭 清昭陵隆恩殿 清永陵四祖碑亭	在中国古代黄色象征皇权，适合成为皇家陵园的代表。在前清建陵遗产群的各建筑中黄色也被大量的应用在建筑屋顶
前清宗教	蓝、灰、红、金、黑、白、绿	金	南清真寺山门 慈恩寺山门 实胜寺玛哈噶喇佛楼 北塔法轮寺	金色在喇嘛教建筑中多次出现，较能代表前期宗教遗产群的特点
前清战争	灰、土黄	灰	中前所城四城墙瓮城 辽东边墙保护碑	战争遗存较少，建筑细部较少，整体以灰色为主

表 8.11　四个遗产群版面纹样设计的确定

遗产群	纹样分布	纹样提取的主要建筑物名称	应用方式
前清建城	城门、城墙、角楼、歇山式屋顶、寝宫、汗王井等建筑细部	原东京城城墙 赫图阿拉城汗王寝宫 赫图阿拉城汗王井 盛京城角楼 沈阳故宫大清门 沈阳故宫大正殿等	
前清建陵	墓碑、碑亭、碑楼、坟丘等建筑整体或局部	清永陵启运殿 清福陵碑亭 东京陵墓碑 清永陵启运门 清昭陵影壁 清昭陵正红门等	直接应用、抽象提取应用
前清宗教	"礼拜殿"、"讲堂"、"山门"、"塔"、"大雄宝殿"等建筑整体或局部	法轮寺天王殿 南清真寺垂花门 慈恩寺天王殿 南塔塔身 南塔基座 东塔永光寺基座等	
前清战争	反映前清战场遗址的整体格局的照片、地形地貌图、建筑整体或局部	九龙山城 兴城古城 永安石桥石狮 兴城古城箭楼 中前所城西城门 中前所城等	

（2）展示资源的互通

要在遗产群内各文化建筑遗产的解说系统中建立联系，必须使遗产群信息能够合并被观者接收，而非孤立存在，其方式是做到展示资源的互通，观者在遗产群中的一个遗产点参观，即可对整个遗产群的主题有总体的了解，这里的展示资源包括文史资料和文物展品两类。展示地点包括四个遗产群中各个遗产点的室内展馆、室外展示广场、展廊，如表 8.12 所示。

表 8.12　遗产群的主题通过互通展示资源的表达形式

遗产群	表达形式
前清建城	文史资料的互通：建城城墙格局图、城墙、城门及瓮城、角楼照片、前清城市复原想象图。实体模型或计算机虚拟模型 文物展品的互通：展示前清建城区域内出土的文物，如服饰、用品、建筑构件等 地点：前清建城遗产点的室内展馆、室外展示广场、展廊
前清建陵	文史资料的互通：具有前清满族特色的陵墓建筑格局、祭祖广场、宝顶、坟丘、碑亭、碑楼、环境氛围、轴线关系等照片、说明性图片，复原图片。实体模型或计算机虚拟模型 文物展品的互通：展示前清建陵区域内出土的文物，如服饰、用品、建筑构件等 地点：前清建城遗产点的室内展馆、室外展示广场、展廊
前清宗教	文史资料的互通：反映宗教建筑整体格局的图片，反映宗教建筑特色的"礼拜殿"、"讲堂"、"山门"、"塔"、"大雄宝殿"等的照片、说明性图片，复原图片。实体模型或计算机虚拟模型 文物展品的互通：展示前清宗教区域内出土的文物，如服饰、用品、建筑构件等 地点：前清战争遗产点的室内展馆、室外展示广场、展廊
前清战争	文史资料的互通：反映前清战场遗址的整体格局的照片、地形地貌图、建筑整体或局部图片。实体模型或计算机虚拟模型 文物展品的互通：展示前清建陵区域内出土的文物，如服饰、用品、建筑构件等 地点：前清战争遗产点的室内展馆、室外展示广场、展廊

（3）统一制作音像制品

多媒体是以计算机为基础的，声音、图像的传播方式，近年来普遍应用于展览馆、博物馆中。音像制品包括电视、电影、VCD、DVD。在解说系统"面"的层次中，笔者曾经提及建立以整个遗产区域的主题为内容制作统一的多媒体音像制品，此处提及的音像制品是分别按照四个遗产群的主题为内容制作的，两者并不发生冲突。在音像制品的封面设计中也涉及色彩和纹样的提取，方式同建立系列印刷出版物中提及的提取方式，此处不再赘述。遗产群的主题通过统一制作音像制品展示资源的表达形式如表 8.13 所示。

表 8.13　遗产群的主题通过统一制作音像制品的表达形式

遗产群	主题	解说系统主要内容	表达形式
前清建城	建筑风格与特征	多媒体、VCD、DVD	建城城墙格局图，城墙、城门及瓮城、角楼照片，前清城市复原想象图，解说员解说及相关字幕
		电视、电影	以前清建城遗产群各建筑物的 1∶1 建筑模型作为拍摄地点，使建筑风格与特征作为演出的背景体现
	建筑相互关联及相关历史事件	多媒体、VCD、DVD	兴建前清建城各建筑物相关历史事件的文献资料、图片的引用，相关题材影片片段的节选
		电视、电影	人物的扮演，战争场景重塑，"迁都"、"兴建城池"、"营造宫殿"、"满族崛起"、"帝王生活"等历史情节再现
	建筑的历史价值、科学价值与艺术价值	多媒体、VCD、DVD	对前清建城遗产群的历史价值、科学价值与艺术价值的文字描述。解说员对前清建城遗产群历史价值、科学价值与艺术价值的解说
		电视、电影	通过"迁都"、"兴建城池"、"营造宫殿"、"满族崛起"、"帝王生活"等故事情节的编排、演员的表演得以体现
前清建陵	建筑风格与特征	多媒体、VCD、DVD	具有前清满族特色的陵墓建筑格局、祭祖广场、宝顶、坟丘、碑亭、碑楼、环境氛围、轴线关系等照片、说明性图片，解说员解说，相关字幕
		电视、电影	以前清建陵各文物建筑物实景作为拍摄地点，或建造陵墓局部 1∶1 场景模型作为拍摄地点，使建筑风格与特征作为演出的背景体现
	建筑相互关联及相关历史事件	多媒体、VCD、DVD	前清建陵历史事件的文献资料、图片的引用，相关题材影片片段的节选
		电视、电影	努尔哈赤、皇太极等人物的扮演，祭祖场景的重塑，清净肃穆的陵墓建筑自然环境，"祭祖仪式"、"兴建陵墓"等历史情节再现
	建筑的历史价值、科学价值与艺术价值	多媒体、VCD、DVD	对前清建陵的历史价值、科学价值与艺术价值的文字描述。解说员对前清建陵历史价值、科学价值与艺术价值的解说
		电视、电影	通过"祭祖仪式"、"东巡"、"兴建陵墓"、"帝王生活"等故事情节的编排、演员的表演得以体现

续表

遗产群	主题	解说系统主要内容	表达形式
前清宗教	建筑风格与特征	多媒体、VCD、DVD	反映宗教建筑整体格局的图片，宗教建筑特色的"礼拜殿"、"讲堂"、"山门"、"塔"、"大雄宝殿"等的照片，说明性图片，复原图片。解说员解说，及相关字幕
		电视、电影	以前清宗教各文物建筑实景作为拍摄地点，或建造寺庙局部 1：1 场景模型作为拍摄地点，使建筑风格与特征作为演出的背景体现
	建筑相互关联及相关历史事件	多媒体、VCD、DVD	兴建前清宗教遗产群各寺庙建筑的历史事件的文献资料、图片的引用，相关题材影片片段的节选
		电视、电影	努尔哈赤、皇太极等人物的扮演，祭祖场景的重塑，清净肃穆的陵墓建筑自然环境，"祭祖仪式"、"兴建陵墓"等历史情节再现
	建筑的历史价值、科学价值与艺术价值	多媒体、VCD、DVD	对前清战争的历史价值、科学价值、艺术价值的文字描述。解说员对历史价值、科学价值与艺术价值的解说
		电视、电影	通过"祭祖仪式"、"东巡"、"兴建陵墓"、"帝王生活"等故事情节的编排、演员的表演得以体现
前清战争	建筑风格与特征	多媒体、VCD、DVD	反映前清战场遗址的整体格局的照片或说明性图片，地形地貌图、复原图片，前清战场考古信息、流程视频或图片，解说员解说，相关字幕
		电视、电影	以前清战争遗产各建筑整体或局部 1：1 场景模型作为拍摄地点，使建筑风格与特征作为演出的背景体现
	建筑相互关联及相关历史事件	多媒体、VCD、DVD	前清战争遗产群各战争遗迹建筑物的历史事件的文献资料、图片的引用，相关题材影片片段的节选
		电视、电影	努尔哈赤、皇太极等人物的扮演，战争场景的重塑，前清战争相关战役等历史情节再现
	建筑的历史价值、科学价值与艺术价值	多媒体、VCD、DVD	对前清战争的历史价值、科学价值、艺术价值的文字描述。解说员对历史价值、科学价值与艺术价值的解说
		电视、电影	前清战争相关的各大明清战争，如"萨尔浒之战"、"宁远之战"、"山海关之战"等战争故事情节的编排、演员的表演得以体现

（4）制作系列旅游纪念品

旅游纪念品，顾名思义即游客在旅游过程中购买的精巧便携、富有地域特色和民族特色的明信片、工艺品等礼品，是让人铭记于心的纪念品。在辽宁前清建筑文化遗产地，旅游纪念品的出售也是必不可少的，其中以印有遗产地建筑照片的明信片、建筑模型手工艺品、文物模型手工艺品等为主。在遗产群的各遗产点销售自身旅游纪念品的同时，兼顾遗产群其他遗产点旅游纪念品的销售。在旅游纪念品设计中，各个遗产群要有自身特色，并加以区分。四个遗产群的主题通过建立系列旅游纪念品的表达形式如表 8.14 所示。

表 8.14　遗产群的主题通过制作系列旅游纪念品的表达形式

遗产群	主题	表达形式
前清建城 前清建陵 前清宗教 前清战争	建筑风格与特征	印有前清建城、前清建陵、前清宗教、前清战争四个遗产群的特色建筑形式的照片、复原想象图、出土文物照片的明信片、纪念币、徽章、手工艺品，以特色建筑形式的细部构件、缩小模型的形式制作的工艺品摆件，以浮雕的形式制作的纪念币、徽章等 其中特色建筑形式包括： 1. 前清建城：城墙格局图、城墙、城门及瓮城、角楼 2. 前清建陵：前清满族特色的陵墓建筑格局、祭祖广场、宝顶、坟丘、碑亭、碑楼、环境氛围、轴线关系 3. 前清宗教：反映宗教建筑整体格局，宗教建筑特色的"礼拜殿"、"讲堂"、"山门"、"塔"、"大雄宝殿"等 4. 前清战争：反映前清战场遗址的整体格局的照片、地形地貌图、复原图片
	建筑相互关联及相关历史事件	印有前清建城、前清建陵、前清宗教、前清战争四个遗产群相关历史事件照片的明信片、纪念币、徽章、手工艺品。以历史事件场景模型制作的工艺品摆件。以历史事件场景浮雕的形式制作的纪念币、徽章等
	建筑的历史价值、科学价值与艺术价值	通过游客对前清建城、前清建陵、前清宗教、前清战争四个遗产群的旅游纪念品的珍藏，达到传播建筑遗产价值的目的

（5）情景再现、巡回演出

遗产群中各遗产点具有关联性和相似性的主题，并具有故事性。将历史故事编排后以多种表演形式表现出现，使主题得到更好的展现。具体表现方式为演员穿着前清历史时期的服饰，再现当时的情景，以歌舞表演、歌舞剧、话剧等形式为主。由于遗产群各遗产点的主题具有关联性和相似性，演员的表演可以采用统一编排，在遗产群各遗产点中巡回演出，使游客对遗产群有较为整体全面的认识。如 1616 年，努尔哈赤于赫图阿拉城"黄衣称朕"，建立了大金政权，史称后金，演出可以再现努尔哈赤称朕的情景。又如 1619 年，在萨尔浒城爆发了一场努尔哈赤率领后金军队与明廷进行的战争。这次引人注目的关键性战役成为努尔哈赤所率领的后金军以少胜多、大获全胜的典型战例，也成为后金政权得到充分巩固并把矛头直逼明廷的转机。将这场战役的场面、人物、服装等进行艺术化的处理，演员便可以进行演绎。将遗产群内古建筑相关的多个主题编辑成剧本，在所属"前清建城"遗产群的各个遗产点上演。也可以加入与观众互动的环节，用与演员合影、参与演出的形式实现。四个遗产群的主题通过情景再现、巡回演出的表达形式如表 8.15 所示。

表 8.15　遗产群的主题通过情景再现、巡回演出的表达形式

遗产群	主题	表达形式
前清建城 前清建陵 前清宗教 前清战争	建筑风格与特征	以前清建城、前清建陵、前清宗教、前清战争文物遗产地作为文艺演出的场地，以建筑遗产作为文艺演出的背景，将前清建城遗产物的局部场景搭建成舞台背景，通过演出让游客观看，欣赏
	建筑相互关联及相关历史事件	前清建城、前清建陵、前清宗教、前清战争相关历史事件场景的搭建，演员的表演，按照事件顺序进行统一的编排
	建筑的历史价值、科学价值与艺术价值	通过前清建城、前清建陵、前清宗教、前清战争相关故事情节的编排，演员的表演得以体现，通过互动环节使观者印象深刻

8.4　遗产点解说系统

8.4.1　解说系统"点"的建构

相对于遗产区域，每个遗产点就是解说系统的"点"。在每个遗产点完成解说系统的建构，使解说系统真正的落到实处。解说系统"点"的布置要体现以下原则：人性化原则，使游客真正的感到方便、舒适、无障碍；真实性原则，每一处信息都经过推敲和验证；动态和可持续发展原则，根据景区的发展规模和科技的进步适时的增减解说系统的内容。下面以东京陵解说系统为例进行详细的介绍。

8.4.2　东京陵解说系统

1. 概述

东京陵位于辽宁省辽阳市太子河区东京陵乡东京陵村，在辽阳老城东太子河右岸的阳鲁山上，1621 年，努尔哈赤把都城迁至辽阳，1624 年建东京陵。东京陵如今仅存庄亲王舒尔哈齐、大太子褚英及贝勒穆尔哈齐 3 座寝园。舒尔哈齐陵园呈长方形，共两进院落，前为碑院，后为坟院，四周有丈余高的围墙。褚英墓位于舒尔哈齐陵园南侧，穆尔哈齐与大尔差陵园位于舒尔哈齐陵东约 200 米处，面向东南，长方形（后墙为半圆形），院落两进，前有墓碑三甬。

2. 东京陵解说系统的主题

（1）历史人物

努尔哈赤：东京陵及其他前清时期陵墓的建造者。

舒尔哈齐：努尔哈赤的胞弟，序行第三，初封达尔汉巴图鲁，追封庄亲王。

褚英：努尔哈赤的长子，赐号阿哈图图们，后于赫图阿拉被囚禁而死。

穆尔哈齐：显祖第二子，赐号诚毅，初封清巴图鲁，追封为多罗贝勒。

（2）相关历史事件

东京陵位于辽宁省辽阳市太子河区东京陵乡东京陵村，在辽阳老城东太子河右岸的阳鲁山上，后金天命六年（1621 年，明天启元年），努尔哈赤攻占沈阳、辽阳等辽东七十余城，把都城迁至辽阳（今辽阳太子河东新城），天命九年（1624 年）建东京陵。

（3）风格与特征

舒尔哈齐陵园呈长方形，面向东南，即"面坤（东南）背艮（西北）"，共两进院落，前为碑院，后为坟院，四周有丈余高的围墙。前有陵门一间，两级石阶，门为硬山式，青砖布瓦，大脊及螭吻兽头等饰件亦用青素。拱形券门，下碱及券脸均为石砌成，下碱雕饰象驮宝瓶等吉祥图案。木门两扇，上涂朱漆。围墙亦为石座，青砖墙身，墙顶覆盖素瓦。门两侧看墙刻有二龙戏珠图案。碑亭位居院内正中，单檐四角亭子式建筑，青砖布瓦素色饰件。四面有券门，亭内彩绘天花藻井，碑高三米有余，宽 124 厘米，厚 42 厘米，碑文满汉合璧。褚英陵园在其叔父舒尔哈齐左面，俗称"太子坟"。陵园较小，长约二十丈，宽约九丈，北距舒尔哈齐陵园二丈。陵园四周有围墙，前有红门，门与舒尔哈齐陵园形制相似，园内仅有坟丘一座，高约一丈一尺，圆柱体，周围用青砖垒砌，圆顶，以白灰抹光。正面有神道，内有古松数株。穆尔哈齐墓园位于舒尔哈齐、褚英陵园以东约百米处，面向东南，取"向巽（东南）背乾（西北）"方位。长方形（后墙为半圆形），院落两进，前有墓碑三甬。东京陵建筑具有肃穆的环境氛围，祭祀礼仪特色的轴线关系，在修建上具有鲜明的满族文化特点。

（4）历史价值、科学价值和艺术价值

历史价值：择地东京城北阳鲁山为祖陵风水宝地，启建寝殿，以表达对满族传统的尊敬，对祖先的尊敬。东京陵原是清陵中规模最大的墓园，但东京陵建成后经过两次迁出，从此降为由诸王自行管理的私属陵园。东京陵所保留的遗存真实地展示了努尔哈赤当年在辽沈地区的活动史实和历史环境，是清朝前期修建陵园的历史见证和标志。东京陵的建筑本身代表了同时期具地方特点的陵寝建筑特色，体现了当时满族的生产、生活方式以及风俗习惯，具有较高的历史和文化研究价值。

科学价值：东京陵是辽宁省文化厅 1988 年公布的辽宁省重点文物保护单位。由于东京陵可以作为研究前清努尔哈赤时期修建陵寝的重要建筑文化遗产，应该得到足够的重视。另外，东京陵可以作为我国历史文化遗产资源重要的宣传场所，其影响和发展也可以成为当地社会文化发展的重要主题之一。

艺术价值：同时在建筑布局和建筑艺术上，东京陵具有浓厚的地方色彩和独特的民族风格。东京陵的 3 座陵园各有不同：舒尔哈齐陵共两进院落，前为碑院，后为坟院；褚英陵陵园较小，园内仅有坟丘一座；穆尔哈齐陵院落两进，前有墓碑三甬。而且，3 座陵园都是面向东南，除舒尔哈齐陵的碑亭及碑和穆尔哈齐陵的三甬墓碑尚属华美，其他均十分简单朴素，体现了东京陵独特的前清时期陵寝的建筑艺术特点。

3. 解说系统的主要内容

东京陵解说系统按照不同的解说内容，设定下列 5 个解说区，包括古建筑解说区、展示馆解说区、前清陵寝文化展廊解说区、广场解说区、游客中心解说区，如表 8.16、图 8.5 所示。

表 8.16　东京陵解说区名称及主要功能

解说区名称	主要功能
古建筑解说区	包括舒尔哈齐陵园、褚英陵园、穆尔哈齐陵园。展示陈列以清朝前期陵寝制度、建筑艺术、碑刻艺术、环境文化为主（主要展区）。题材为所有古建筑实物
展示馆解说区	展厅展示以现存的文史资料为主，题材包含东京陵时期的历史资料、服饰、民俗、工艺等。另设讲解员、咨询台、接待室、电子触摸屏、便携式导游、印刷出版物等解说内容

解说区名称	主要功能
前清陵寝文化展廊解说区	展示以清朝前期所建陵寝的历史脉络为主。展陈题材包含清永陵、清福陵、清昭陵的历史资料及图片等
广场解说区	可临时展示前清文化题材的图片、文物、建筑模型等，也可进行文艺演出、建立解说示范区、解说主题服务周等
游客中心解说区	向游客提供有关旅游和风景旅游区的信息，同时提供必要的服务和帮助，设讲解员、咨询台、接待室、触摸屏、便携式导游、印刷出版物、纪念品销售、餐饮、休闲、休息室、书店等

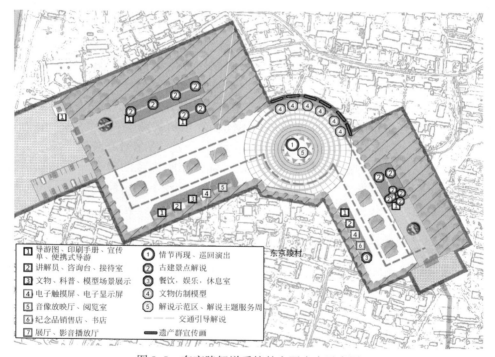

图 8.5　东京陵解说系统的主要内容示意图

（1）古建筑解说区

东京陵的古建文物是 3 个陵园，也是东京陵遗产点的核心所在，是观者参观的主要内容。3 个陵园遵循中国古代皇家陵墓以中轴线建立空间联系的形式，因此 3 个古建筑解说区的交通引导解说系统应按照中轴线来展开。如表 8.17 所示。

表 8.17　东京陵三座陵墓的参观路线

陵墓名称	参观路线
舒尔哈奇陵	陵门—碑亭—坟丘
褚英陵	陵门—坟丘
穆尔哈齐陵	陵门—墓碑—坟丘

各陵墓的交通引导解说系统按照空间发生、发展、高潮、结局的顺序展开。体现了陵墓建筑从外而内的序列关系，也符合祭祖的顺序。

东京陵古建筑解说区的解说主题主要通过建筑实物展现或解说员解说实现，如表 8.18 所示。

表 8.18　东京陵主题通过古建筑解说区的表达形式

解说主题	表达形式
风格与特征	通过建筑实物体现，具体为对建筑艺术、碑刻艺术、环境气氛的解说，依次分景点解说 古建筑展区主要景点有陵门、碑亭、坟丘、缭墙等
历史人物	解说员对人物生平的解说
相关历史事件	解说员对东京陵修建历史事件、清朝前期陵寝制度等的解说

（2）展示馆解说区

展示馆设于公园入口附近，展示以现存的本体实物、文史资料、模型为主，同时向观者提供导游、咨询、接待等服务，如图 8.6 所示。本体实物主要包括在东京陵地区发现和出土的历史文物实体，如现存服饰、民俗、工艺等。文史资料包括历史文献记载，以文字、图片等信息为主。模型主要指向游客解说或展示东京陵的总体概况、发展变化机理等方面情况的实物或电子模型。实物模型包括辽宁前清建筑文化遗产区域总体模型、前清建陵其他陵园模型、东京陵公园模型、东京陵 3 个陵园模型等。电子模型是指将建筑文物模型制作成电子信息模型输入电脑中，人可以手动控制模型的方位。电子信息技术复原的题材包括东京陵建筑以及前清建陵其他遗产建筑物。电子触摸屏设置在展示馆较为便捷的空间内，观者可以通过手指触碰打开辽宁前清文化建筑遗产网页，了解相关信息，如图 8.7 所示。电子信息模型、以前清建陵为题材的电子书也可录入其中，实现可操控性。导游图、印刷手册、宣传单放置在展示馆入口处，观者可随意领取，帮助观者掌握相关信息。导游图绘制应以清晰简明为要项，色彩淡雅为原则，标示主要的游览路线与景点，道路要标明路名，线端要标示通往何处。可利用趣味卡通图标来表达设施，让阅读者感觉更亲切。住宿餐饮设施、卫生间、古迹、医疗所、游客中心等可用简明图标，参考国家旅游局标准图案，地图上附上图例及指北针和比例尺图标。印刷手册的制作可依照东京陵的历史人物、相关历史事件、风格特征、保护价值等分项简略介绍，通过解说手册让游客有目的、有计划地游览公园。

图 8.6　展厅

设置影音播放厅播放音像出版物，题材包括辽宁前清建筑文化遗产整个区域主题、前清建陵遗产群主题、东京陵古建筑主题，如图 8.8 所示。播放影片简单、轻松，是一种操作简单老少皆宜的解说方式。如表 8.19 所示。

图 8.7　电子触摸屏

图 8.8　影音播放厅

表 8.19　东京陵的主题通过展示馆解说区的表达形式

解说系统的内容	表达形式	解说方式
展厅	展示本体实物、文史资料、实体模型 本体实物：东京陵地区发现和出土的历史文物实体的展出，包括现存服饰、民俗、工艺等 文史资料：历史文献记载，以文字、图片等信息为主 实体模型：前清建陵其他陵园模型（包括清福陵、清永陵、清昭陵）；辽宁前清建筑文化遗产区域总体模型；东京陵公园模型；东京陵 3 个古建筑陵园模型	展示陈列

续表

解说系统的内容	表达形式	解说方式
电子触摸屏	网页：手指触碰屏幕打开辽宁前清文化建筑遗产网页 电子信息模型：将建筑文物模型制作成电子信息模型输入电脑中，人可以手动控制模型的方位 电子书：以东京陵、前清建陵遗产群为题材的书籍电子版输入电脑，人可手动进行翻页	通过电子仪器达到解说的目的
电子显示屏	将文物、古建筑的相关信息循环播放，便于观者了解	
影音播放厅	播放音像出版物 题材： 1. 辽宁前清建筑文化遗产整个区域的主题 2. 前清建陵遗产群的主题 3. 东京陵古建筑的主题	
阅览室	观者自行浏览关于东京陵、前清建陵、前清建筑文化区域的书籍	通过印刷品、纪念品、书籍等实物达到解说的目的
导游图、印刷手册、宣传单	在入口处设置，供游客拿取	
讲解员	由经过专业训练的人员担当讲解员，提供讲解服务	通过人员的讲解达到解说的目的
咨询台	由专门的工作人员对游客的疑问做出详细的解答	
接待室	为贵宾提供解说和休息场所	
便携式导游	观者将其随身佩戴，每到达一处景点，会自动发出解说员的声音	

（3）前清陵寝文化展廊解说区

前清陵寝文化展廊解说区位于广场的一侧，展示以清朝前期所建陵寝的历史脉络为主。通过前清建陵历史建筑相关主题的解说，使观者更深入的了解前清建陵遗产群的各个建筑的相互联系、发展历程。展廊内侧墙壁展陈题材包含清永陵、清福陵、清昭陵的历史资料及图片。图片资料打印在展板上，并安装防尘防盗玻璃进行保护。展廊中心展示清永陵、清福陵、清昭陵的三维模型及文物仿制品。具体方式为在展廊中心设置展示台，展示台上方安放保护建筑三维模型、出土文物、服装仿制品，设置在防尘防盗玻璃内部，如图8.9、表8.20所示。

图 8.9　防尘防盗玻璃内设建筑模型

表 8.20　东京陵的主题通过文化展廊解说区的表达形式

解说设施位置	表达形式
内侧展示墙	清永陵、清福陵、清昭陵的历史资料及图片印刷于展板上，设置在防尘防盗玻璃内部
展廊中心	清永陵、清福陵、清昭陵建筑三维模型、出土文物、服装仿制品，安放在展示台上，设置在防尘防盗玻璃内部

（4）广场解说区

东京陵公园广场面积较大，可进行文艺演出，自然成为"情景再现、巡回演出"的主要场地。"情景再现"的对象是曾经的社会活动，"再现"的方式是举行相关的参与性活动。东京陵隶属前清建陵遗产群，满族有"敬天法祖"的传统，特别是对先人的祖墓尤为诚敬，那么前清建陵遗产群中的各陵墓建筑可以演绎皇帝祭祖的情景，由于东京陵规模较小，并不是祭祖场景的主要发生地，可以演绎其所属遗产群"前清建陵"中的其他遗产点的祭祖情景，如发生在清福陵和清昭陵的祭祖情景，使观者体验到前清时期具地方特色的祭祖形式，以及满族生产、生活方式和风俗习惯。

东京陵地理位置处于人员较密集区，代表陵墓建筑特色，这样的特点使其成为解说示范区、解说主题服务周的举办地。以东京陵的主题为解说内容，建立解说示范区、解说主题服务周，表达形式主要是解说员讲解、历史资料的发放、解说词的讲授、邻里交流等。解说对象为东京陵乡东京陵村村民及附近村民，在活动中鼓励村民积极参与背诵和朗读解说词，征集村中志愿者进行主题解说服务。通过这项活动的举办使村民了解和热爱本村历史文化，达到文物保护的目的。如表 8.21 所示。

表 8.21　东京陵的主题通过广场解说区的表达形式

解说系统的内容	表达形式
情景再现、巡回演出	风格与特征：以东京陵文物遗产地作为文艺演出的场地，以建筑遗产作为文艺演出的背景。将前清建城遗产物的局部场景搭建舞台背景，作为演出背景让游客观看，欣赏
	相关历史事件：东京陵相关历史事件场景的搭建，演员的表演，按照事件顺序进行统一的编排。事件举例："敬天法祖"、"祭拜祖先"
	历史价值、科学价值与艺术价值：通过情节编排，演员表演，互动环节体现
建立解说示范区、解说主题服务周	与村民互动，实现对主题解说的目的

（5）游客服务中心解说区

在东京陵公园中设立游客服务中心，在游客服务中心内设讲解员、咨询台、接待室、触摸屏、便携式导游、资料陈列室、导游图、印刷手册、宣传单、纪念品供销售、书店、餐饮、休闲、休息室等，如图 8.10、图 8.11 所示。

图 8.10　导游图、印刷手册、
宣传单领取处

图 8.11　纪念品销售店

其中讲解员由经过专业训练的人员担当，为观者提供清晰的讲解服务。咨询台有专门的工作人员对游客的疑问做出详细的解答。电子触摸屏是近年来广泛采用的高科技产品，其特点是便捷、准确、具有互动性。电子触摸屏将被安放在游客服务中心较为核心的区域，游客可以通过点击电子触摸屏，打开辽宁前清文化建筑遗产地的网站查阅有关信息。笔者在解说系统"面"的建构中已经提及网站的设立方式，此处不再赘述。便携式导游是近年来兴起的一种导游仪器，观者将其随身佩戴，每到达一处景点，便携式导游会自动发出解说员的声音，给观者提供解说服务。当有贵宾抵达时，接待室会开放并提供服务。旅游资料存放室定时开放，其本身也是一项旅游项目。导游图、印刷手册、宣传单是一种重要的支持自助游客的方式。在游客服务中心的入口处向游客提供导游图、印刷手册、宣传单，这些印刷物将统一布置在展柜中，供游客拿取，随身携带。以东京陵、前清建陵、前清文化为题材的系列工艺品、明信片、VCD、DVD 光盘等将作为纪念品销售，为观者提供服务。游客服务中心中也将向游客提供餐饮、娱乐等休闲空间。餐饮空间美食的设置、空间的装潢应具有前清文化特色。娱乐区可分设以东京陵为题材的儿童游戏活动区、亲子活动区，使游客在轻松愉快的环境下获取遗产地相关知识，如表 8.22 所示。

表 8.22　东京陵的主题通过游客服务中心解说区的表达形式

解说系统的内容	表达形式	解说方式
讲解员	由经过专业训练的人员担当讲解员，提供讲解服务	通过人员的讲解达到解说的目的
咨询台	由专门的工作人员对游客的疑问做出详细的解答	
接待室	为贵宾提供解说和休息场所	
便携式导游	观者将其随身佩戴，每到达一处景点，会自动发出解说员的声音	通过电子仪器达到解说的目的
电子触摸屏	观者通过点击电子触摸屏，打开辽宁前清文化建筑遗产地的网站查阅有关信息	
电子显示屏	将文物、古建筑的相关信息循环播放，便于观者了解	
导游图、印刷手册、宣传单	在入口处设置，供游客拿取	
纪念品销售店	以建筑特色文化为题材制作的旅游纪念品销售 题材： 1. 东京陵建筑 2. 前清建陵其他建筑	通过印刷品、纪念品、书籍等实物达到解说的目的
书店	以解说主题为内容出版的书籍销售 题材： 1. 东京陵建筑 2. 前清建陵各建筑 3. 前清建筑文化遗产区域	
餐饮、休闲、休息室	在展览的末尾为游客提供餐饮、休闲、休息空间 前清文化特色的表达形式： 1. 特色室内装潢 2. 特色亲子游戏设置 3. 特色美食的设置	通过提供休闲空间达到解说的目的

（6）交通引导解说系统

解说区之间也应该设置交通引导解说系统。在解说区之间建立的交通引导解说系统使得观者在参观游览东京陵公园时会遵循一定的顺序。良好的交通流线的引导使各景点依次跟观者见面，让观者能更好地理解东京陵建筑的主题。东京陵公园的参观流线为：停车场—公园正门—舒尔哈齐陵—褚英陵—展示馆（树池休息）—前清陵寝文化展廊（休息座椅）—穆尔哈齐陵—游客服务中心—公园侧门。交通流线引导的设置突出人性化原则，为游客设计在最合理时间内的最佳游览路径，安全便捷、避免交叉。游客可循序渐进地进行参观，对东京陵主题的掌握从浅显到深入，最后到达游客服务中心提供的休息场所。

（7）其他

在公园入口处和三个古建筑陵园的入口处应放置导游图、印刷手册、宣传单，观者可自行领取，使游客不仅在室内，也可在室外的入口值班室获取，这样的设置使得便携式宣传印刷品的获取变得更加方便。室外放置的导游图、印刷手册、宣传单应设置防雨设施，如图 8.12 所示。

图 8.12　公园入口导游图、印刷手册、宣传单领取处

专业导游的培训和引进，是东京陵目前的任务。提高导游队伍的素质，主要体现在对现有导游进行培训和引进素质较高的专业导游，使导游素质跟得上陵区的建设。也可以通过游客解说周等活动激发游客的互动热情，从而提高东京陵的宣传力度和游客的参与性，加深导游对游客的影响力。

第9章 辽宁前清建筑文化遗产区域支持系统

遗产区域涉及遗产点众多，关系复杂，因此为了整体保护的有效性和完整性，克服保护过程中可能出现的种种困难，需要建立遗产区域的支持系统。辽宁前清建筑文化遗产区域支持系统是相对于遗产区域整体系统及其他3个系统而言的，它围绕其他3个系统而存在，为整个系统的生存和发展不断地进行各种物质、能量和信息交流，并提供达到系统理想状态所需的各种资源和条件。

9.1 健全专项法律制度

9.1.1 整合保护政策，实现"跨地保护"

1. 完善保护范畴

为了更好地保护我国的遗产区域，需要建立一个以国家整体利益和可持续发展为出发点、有权威的、高层次的管理协调机构，并从中央到地方各级建立一套专事"遗产区域"保护的网络，保证和监督保护政策的制定和实施。努力探索建立一个以政府保护为主、全社会共同参与的文化遗产廊道的保护体系。建立、健全有关文化遗产廊道保护的法律法规。我国目前有《文物保护法》（1982年颁布了第一部文物保护法，2002年10月颁布了第二部文物保护法），1985年颁布的《风景名胜区管理暂行条例》，还有《中华人民共和国自然保护区管理条例》和《森林公园管理办法》等，还没有如何保护大型文化遗产相关的法律法规。

美国国家遗产区域的保护隶属于美国国家公园体系，整个指定、规划及管理过程都有法律保障并得到政府各方面的大力支持。1966年美国议会通过的《国家历史保护法》（the national historic preservation Act）进一步规定并扩大了联邦政府在遗产保护中的作用。美国遗产区域的指定需有专门的组织或政府机构进行提名，由NPS（the national park service）进行评价，然后由议会审议通过。在遗产廊道获得议会通过的同时，还会制订专门有针对性的具体遗产区域和遗产廊道的保护法律，例如美国议会在1984年制订了《1984年伊利诺伊和密歇根运河国家遗产廊道法》（illinois and michigan canal national heritage corridor act of 1984），就目前已经指定的国家遗产区域和遗产廊道来看，对于每一个通过国会指定的遗产区域都会有专门的立法。

2. 统一保护政策

虽然前清文化遗产分布在辽宁省的沈阳、抚顺等各个地级市中，但是，前清历史却将它们统一成一个有机的整体，有必要对全部文化遗产采取统一的保护政策。

辽宁省内城市的发展状况各不相同，有的城市经济文化较为发达，有的相对不发达。各市均按照其面临的现实状况制定保护规划。沈阳市作为历史文化名城，同时作为经济文化相对发达的省会城市，可明确按照《历史文化名城保护规划规范》来对文化遗产实施保护，但并不是所有城市均有这样的优越条件。各市因地制宜地制定和实施保护规划是无可厚非的，但也应考虑保护规划的统一性，应制定《辽宁前清建筑文化遗产区域整体保护规定》加以统一保护。

就沈阳市本身而言，位于城郊的福陵、永安石桥等文化遗产，其获得的保护规格与市区内其他前清古迹有着明显区别。最近几年，虽然永安石桥得以免于交通负荷，但仍因交通事故而遭到破坏。同一类型的文化遗产，如沈阳昭陵、新宾永陵、东京陵等，其获得的保护规格也大相径庭。在很大程度上，这是由以往的规范对"历史文化名城"范畴的限定造成的。地处城镇的前清文化遗产保护也必然涉及"保护区"、"建设控制地带"、"环境协调区"等保护范畴的划定问题，必然涉及如何在划定的保护范畴内采取具体措施的问题。以建设控制地带内的建筑风格为例，各市均有不同的要求，基本处于各自为政的状态。

总之，各市应在统一的保护政策指引下制定和实施保护规划。这就要求《辽宁前清建筑文化遗产区域整体保护规定》能够明确保护范畴，不仅针对单个文化遗产进行保护，还要强调各个文化遗产之间的内在联系。鉴于许多文化遗产分布在乡村或乡镇地区，应考虑合并整理《历史文化名城名镇名村保护条例》与《历史文化名城保护规划规范》，将现有规范汇总，统称为《辽宁前清建筑文化遗产区域整体保护规定》。

3. 实现跨地保护

制订《辽宁前清建筑文化遗产区域整体保护规定》，应根据保护政策统一的原则，考虑为各不同地域的文化遗产制定统一的保护政策，实现文化遗产的跨地保护。

首先，应根据文化遗产类型的不同，分别制定相应的保护政策，实现同类型历史文化遗产的跨地保护。现有规范并未对历史文化遗产的不同类型进行细化。建议在修订规范时以划定不同遗产类型为前提制定更为具体的保护政策。历史文化遗产可细化为城市、宫殿、陵墓、佛寺与佛塔、民居、军事要塞、古战场等具体类型。以辽宁前清文化遗产为例，虽然沈阳故宫与北京故宫相比，其规模和建筑成就不及后者，但不可因此藐视其特殊的历史文化价值。因此，国内仅存的这两座故宫应具有相同的保护政策。再如，福陵、昭陵、永陵、东京陵等陵墓类型的历史文化遗产应实现保护规格方面的统一。因为关外的特殊历史原因，前清文化遗产中包括两种颇具特色的遗产类型——军事要塞和古战场，军事要塞包括中前所城、辽东边墙、九龙山城等，兴城古城、界藩城、清柳条边遗址等也具有军事要塞的性质；古战场包括松杏明清古战场、萨尔浒城、兴城古城。在统一保护政策的前提下，应实现对上述同类型历史文化遗产的跨地保护。

其次，加强市区-城郊联系，实现同一城市各历史文化遗产的跨地保护。并且，加强城乡联系，实现城—镇—村各历史文化遗产的跨地保护。

9.1.2　扩大保护范围，争取"明令禁止"

1. 理清保护范围

应当符合保护规划的要求，不得损害历史文化遗产的真实性和完整性，不得对其传统格局和历史风貌构成破坏性影响。明令禁止的活动应包括：开山、采石、开矿等破坏传统格局和历史风貌的活动；占用保护规划确定保留的园林绿地、河湖水系、道路等；修建生产、储存爆炸性、易燃性、放射性、毒害性、腐蚀性物品的工厂、仓库等；在历史建筑上刻划、涂污。须报相关主管部门批准的活动包括：改变园林绿地、河湖水系等自然状态的活动；在核心保护范围内进行影视摄制、举办大型群众性活动；其他影响传统格局、历史风貌或者历史建筑的活动。另外，对古建筑遗址的标示设施也有规定："城市、县人民政府应当在历史文化街区、名镇、名村核心保护范围的主要出入口设置标志牌"；"任何单位和个人不得擅自设置、移动、涂改或者损毁标志牌"。

2. 详察古迹现状

前清建筑文化遗产中，多处遗址处于偏远农村，包括松杏明清古战场、东京城城址、东京陵、赫图阿拉城、界藩城、九龙山城、萨尔浒城、辽东边墙、清柳条边遗址等。其中松杏明清古战场、辽东边墙、柳条边等遗址的地域跨度很大，仅仅通过在主要出入口设置标志牌等措施，很难将其保护范围充分、明确地标明划定，尤应注意的是，其地上部分所剩无几，这给划定切实有效的保护范围带来了更多的困难，也为某些破坏行为提供了借口。若缺乏明文规定，长此以往，这些遗址很可能遭到农耕行为的破坏。

3. 争取明令禁止

在历史上，确实存在着前清古迹遭农耕破坏的教训。以"永安石桥"为例，该石桥是清初修筑盛京至北京大御路时建造的。盛京叠道又称为"盛京御路"或"京奉官道"。盛京叠道的修筑，缩短了盛京至北京的路程，加强了盛京与关内的联系。清帝东巡时，都要吟诗歌诵祖先的修筑叠道之功。大御路的历史文化价值由此可窥一斑。但是，随着近代京奉铁路的开通，盛京叠道的价值逐渐失去。民国以后，叠道所经大部分开辟为良田，只有永安桥完整地保存了下来。然而，盛京叠道绝不仅仅具有永安石桥这一重要节点。农耕行为不仅严重破坏了盛京叠道遗址本身，而且使其无迹可寻，给考古工作造成了巨大困难。鉴于上述教训，在努力探明遗址所在位置的同时，应在《辽宁前清建筑文化遗产区域整体保护规定》中对农耕行为加以明确限制，最好能够明令禁止。

9.2　编制保护规划体系

中国历史十分悠久，文物古迹异常丰富。但是，随着漫长岁月的流逝，出于种种历史原因，许多古迹湮灭在历史的长河之中。

9.2.1　强调整体规划，发挥系统效应

1. 完善"保护规划链条"——加强市际联系，不可孤立行事

辽宁省内各市分布较为整齐，中部由北向南：沈阳（东、西两界），辽阳（东、西两界），鞍山（东界），大连（东界）对位整齐；铁岭（东、西两界），抚顺（东、西两界），本溪（东、西两界），丹东（西界）对位整齐。认识到这一城市分布规律，有利于从整体上把握前清古迹保护规划体系。

纵观前清古迹，会找到明显的地理规律：绝大多数前清古迹分布在辽宁省内，就总体形态而论，前清古迹从中部（略偏北）贯穿辽宁省，总体上呈链条型分布——东起新宾满族自治县县城，经永陵、赫图阿拉城，向西北至萨尔浒古战场，向西南至东京城城址与东京陵，北至包含一宫两陵的沈阳市，西南至松杏明清古战场、兴城古城（宁远古城）等。这样看来，前清古迹形成了一根"链条"，这根"链条"的宽度相当于一个市辖地区的宽度，且仅在辽阳地区存在一定的曲折性。无论从历史发展顺序还是从地理分布方面考虑，我们都可以将上述地区划分为上、中、下游：抚顺居上游，沈阳、辽阳居中游，锦州、葫芦岛居下游。

2. 注重保护关键节点，强化保护规划的双边关系——"沈抚同城"

随着现代交通体系越来越发达，沈阳与抚顺两城之间的联系越来越密切，"沈抚同城"的设想正在逐步转为现实。从前清古迹而论，清福陵正是联系沈抚两座城市的纽带。福陵是努尔哈赤陵，其地位高于皇太极陵，就"沈抚同城"而言，福陵的战略意义无可替代。虽然福陵地处沈阳市内五区之外，但地域开阔，风景优美，辉山风景区、世博园等旅游胜地与福陵交相辉映。一个为普通人所向往的地方，不容易被人们所遗忘。然而，福陵并未充分利用这些地理优势。行车经过福陵，并不会使人产生深刻印象。这样看来，应考虑为福陵建立起更加清晰的"视廊"，强化其意象，使福陵与其他景区密切结合，共同发挥系统效应。

3. 对历史脉络的把握——辽阳和沈阳

从现实的前清古迹存留情况来看，辽阳地区的前清古迹已所剩无几，后金政权在辽阳建都仅仅 4 年后，就在北面的沈阳另建新首都，政治中心也移至沈阳地区。就此而论，似乎上述"链条"可以忽略辽阳地区这一环节，而去掉这一环节，保护规划链条看似更加通顺、明晰。但是，此类观点忽略了历史的真实性与曲折性，是不可取的——"辽阳当时是东北地区较大的重要城市，又是明朝在辽东的首府。那里人口众多，经济富庶，社会封建化程度较高，且交通便利、平原广阔，具重要战略地位。后金克辽阳后，立即决定迁都辽阳。遂于天命六年（1621 年）3 月进驻辽阳"。需要强调的是，辽阳与沈阳作为两个明朝军事重镇，是在几乎同一时间被后金攻克的。孰为都城更有利于政权发展？这一问题必然经过了后金统治者们的深思熟虑。他们当时的首选是辽阳。后金时期，政治中心变换频繁，首先建城、继而建陵的地区主要有 3 个，分别是抚顺（赫图阿拉城——永陵）、辽阳（东京城——东京陵）、沈阳（盛京——福陵、昭陵）。东京城内外前清古迹众多，包括：八角殿、汗宫、堂子、舒尔哈奇陵、褚英陵、穆尔哈奇陵等。"辽阳东京陵所葬者，为清入关前屡建战功的诸王贝勒，在清朝先祖建业辽沈期间一度为王室的祖陵"。也就是说，除前述 3 座陵墓外，还有众多前清重要人物的陵墓，有待进一步挖掘。并且，除前清古迹外，辽阳尚有燕州城山城等古迹，可以将它们通过保护联系起来，发挥系统效应。这样看来，应善于比较辽阳、沈阳这前后两座都城各自的特点，充分肯定辽阳前清古迹的历史价值，注重对辽阳前清古迹的发掘与保护。

4. 强化古城整体形象

沈阳、辽阳、抚顺 3 座城市均应视为前清古都，应采取规划措施，强化古城的整体形象。沈阳市区内有奉天城，辽阳地区有东京城，抚顺地区有赫图阿拉城。3 座古城中，辽阳地区的东京城损毁最为严重，现以东京城为例，探讨如何在较为困难的条件下强化古城整体形象。东京城城墙虽已坍塌损毁，但其长九百余米的城墙位置已被探明。如今的东京城内外布满村民宅院，城墙遗址混杂其间，其存在位置很不明显。

　　建议如下：首先，将城墙遗址的地面清理平整，将新城村中盖于城墙遗址之上的房屋拆迁至其他位置；然后，在城墙遗址上施以绿化，可在紧邻城墙遗址外围种植草坪花卉，在紧邻城墙遗址内侧种植乔木，以高大乔木延伸天祐门两端，标示出原有东京城的城垣位置和占地规模，恢复其恢弘气势；并且，另选外形醒目的树种标示出其他各城门位置和尺度，各城门纵深方向通过林荫道框出拱形的城门形态；在城内外相应位置种植乔木和灌木，标示出现已损毁的各个东京陵墓；再以各种灌木标示出发现与东京城相关出土文物的位置，动态地展现漫长历史岁月中古城的变迁过程。所用各树种均尽量采用东北地区尤其是辽阳地区的特色树种，以加强地方特色。在恢复古城神韵并重聚帝王气的基础上，在东京城原址内专门建造辽阳东京城博物馆，将辽阳市博物馆的各种东京城文物迁至此博物馆中，实现完璧归赵，物归原主。按照东京城原有城市规划布局，在城内开设道路，道路两侧兴建复古建筑物，赋予各种与旅游业相关的建筑功能，发展旅游业。

　　就建筑而言，因地处寒冷地区，建筑体量和构件较为厚重。应适当考虑扩大前清古建的外部保护范围和辐射范围。例如，可进一步扩大西塔等前清古迹的形象辐射范围，形成更加鲜明的"视廊"。突出前清古建的建筑形式方面的特色，引导辽宁地区建筑风格。所处地域、兴建者的民族特性等因素促成了前清古建的风格特色。其风格特色体现在空间格局、构造作法等多个方面。相关学者有必要进一步深入挖掘其内涵，正确概括其特点，在此基础上，适当引导辽宁地区建筑风格的趋向。例如，借鉴永安桥石刻作法，运用到当代建筑设计中去。根据就近联系的原则，采取相应措施，将空间上各自孤立的保护节点连接起来，形成保护系统；根据东北地区的气候特点和地理条件，适当扩大前清古建的保护范围和相关尺度。

　　东北地区与其他文物古迹较多的地区相比，地势平坦，地广人稀。前清古迹的周边环境一般较为宽松，这一情况原本有利于古建保护。一般而言，保护框架由节点、轴线和区域及其相互间的空间关系构成。但迄今为止，前清古建多为孤立的节点。例如，沈阳故宫与昭陵存在着密切的历史关系，两者之间虽然没有明确的轴线关系，但空间上较为接近。在考古研究的基础上，探明清朝时期奉天皇城与昭陵间的道路联系，在当前相应的市区道路上修建具有满清风格的标志物和导向物，强化两者之间的空间联系。借助当前的铁路、公路等现实交通系统，采取相应措施，强调各前清古建保护区域之间的历史联系。

应考虑根据前清历史方面的联系，将散落在辽宁省境内的前清古建"串联"起来。例如，在各前清古建保护区所在地的铁路、公路站点设置大型系列壁画，通过历史群像反映当时的历史事件。以往为强调某地古建保护区域的重要性，通常要争取为相关历史伟人立像，这种做法难以获得有关部门批准。而采用设置系列壁画等方式，既能体现恢弘的历史场景，又能体现艺术特色。在保持历史真实性的基础上，强化前清古建的形象。本着还原历史真实面貌，不做假古董的原则，既不应给观者造成以假乱真的错觉，又应强化前清古建应有的鲜明形象。某些前清古建已大部分或完全损毁，但其所在地位置和区域界限尚能考证。对于此类古建，不应提倡重建。但应通过适当手段强化其历史形象。例如，采用绿化围合等手段，将现已消失的东京城城墙和松杏明清古战场的范围标示清楚，促使其形象化。

9.2.2　凸显历史地位，促进古今融合

1. 确保真实历史环境

坚决不建造"假古董"，不能混淆视听，造成似是而非、真假难辨的状态。许多前清古迹已残缺不全，东京城和东京陵墓，还有一些几乎湮没在历史长河中的古迹，如松杏明清古战场、大御路（仅余永安桥），但不应采取在原址上修建"假古董"的简陋办法，而应另寻其他方式，在保护历史真实载体的原则上，对历史遗迹进行支持和保护。

不仅历史文物本身必须加以保护，而且，环绕和烘托历史文物的历史环境也必须加以保护。由于某些历史原因，历史环境的保护措施往往滞后，许多历史环境遭到破坏，例如，沈阳故宫大政殿背景和怀远门外的城市环境被大型或高层建筑所破坏，在很大程度上致使故宫"帝王气"衰颓。文物保护、城市规划等相关部门应尽快采取措施，制定详细的历史环境保护原则并尽快实施，来切实保护历史环境；制定长远的历史环境保护方针和政策，在不远的将来扭转历史环境遭破坏的现实，例如：破坏历史环境的大型建筑或高层建筑，达到使用年限并被拆除后应保证永不再建。

沈阳故宫的历史环境是皇城，皇城的历史环境则是范围广大的周边城市环境。某些重要的皇城历史环境具有举足轻重的历史地位，能够烘托皇城的历史氛围，却没有得到应有的保护。有"夹道浓荫半入城"之称的万柳塘，位于皇城东南方向，从风水而论位置极佳，景色也十分秀丽。但在 2000 年前后，万柳塘的柳树与沈阳市内其他各处的柳树同样遭遇虫害，塘内柳树大量损毁，造成了严

重的历史环境破坏。此类悲剧决不能重演。

对文物古迹的保护和利用是对立统一的。显然，利用往往是古迹保护的负面因素，有时会造成严重破坏。例如，虽然永安桥上已禁止车辆通行，但周边道路仍用于车辆交通，今年出现了永安桥构件被车辆撞坏的恶性事件。但是，如果某些历史古迹不能得到妥善利用，则会湮没于历史之中，了无痕迹，例如盛京御路，它的修筑，缩短了盛京至北京的路程，近三百年间，它一直是联系盛京与关内的主要通道，但随着近代京奉铁路的开通，盛京叠道的价值逐渐失去，民国以后，叠道所经大部分开辟为良田。并且，文物古迹本身就是供人瞻仰和欣赏的，若不能如此，它们将会失去其历史价值。问题只在于如何合理利用和永续利用它们。其中一个具体原则为"可望而不可即"原则：使其处于人们的视线之内，促成完整的视廊和良好的观赏角度，但人们的实际行动又不会对其造成破坏。从城市规划的角度来看，北陵公园的门楼正对北陵大街，具有一定的良好视角。但是，北陵门楼的观赏价值仍未得到充分体现——如能参考舍利塔公园的做法，将北陵门楼西南侧被新开河围合的地块（现为各类型公共建筑）开辟为城市公园，则能更好地展现北陵的历史价值。

2. 扩大古城统摄范围

沈阳是辽宁省内的国家级历史文化名城。沈阳保存的文物特别丰富，具有重大历史价值。其中，主要历史城区是大部分位于沈河区的前清皇城。前清皇城作为古城区，历史范围清楚，格局和风貌保持得较为完整，但针对前清皇城的保护控制工作却不尽如人意。在前清古迹中，一宫三陵为世界文化遗产，得到应有的重视。尽管沈阳故宫得到重点保护，整个前清皇城却未得到充分保护，甚至未被视为一个统一的整体。前清皇城内，仅有沈阳故宫和盛京城址分别作为世界文化遗产和沈阳市重点文物保护单位得到保护。我们认为，根据《前清建筑遗产区域整体保护规定》，前清皇城应被明确定性为历史城区，得到有力保护。

众所周知，沈阳市保存的文物特别丰富，前清遗址众多，著名的主要有福陵，昭陵，东、西、南、北四塔，慈恩寺，永安石桥等。必须强调的是，无论是福昭二陵、四塔还是各寺、路、桥，均是以皇城的位置作为基础来确定方位的。皇城是整个沈阳（奉天）地区组织空间布局的枢纽，具有至关重要的地位。即使从今天的沈阳市区地图上，也可以清晰地观察到前清皇城对整个城市规划体系的巨大影响，例如：皇城正南、正北、正东、正西的道路一直向各个方向延伸，尤其皇城以北至北陵等地的广大市区，仍旧以横平竖直的道路体系为主，与铁西区、大东区的道路体系迥然不同。综上所述，只有明确前清皇城的历史价值，采取有力的集中保护措施，才能理顺整个沈阳地区前清历史遗迹的整体关系，并且找到正确的历史遗迹保护方向。

"历史文化街区应划定保护区和建设控制地带的具体界线，也可根据实际需要划定环境协调区的界线。"前清皇城虽规划方整、严谨，但其保护界线的划定仍不甚合理，略显凌乱。例如，南部的故宫博物院东侧为某书画斋，其功能与周围各重要的文物保护单位关系不大。划定保护界线的同时也应对界线内的建筑功能进行限定。

3. 注重保护历史细节

根据《辽宁前清建筑文化遗产区域整体保护规定》中的保护原则："历史城区内除文物保护单位、历史文化街区和历史建筑群以外的其他地区，应考虑延续历史风貌的要求。"由于种种历史原因，皇城内的中街被设定为步行商业街，这已是十分令人遗憾的现实，尤其令人扼腕叹息的是，中街商业街上的建筑形式多样，风格各异，缺乏统一规划。某些西洋古典建筑尚有其历史价值，不少上世纪末本世纪初兴建的大型商业综合体则风格十分"现代"，与古城区的城市和建筑风貌格格不入。故宫门外的沈阳路，尽管已作为步行道得到了一定的保护，但即使是设置步行道的措施本身，都存在一定问题：有的步行道划分石墩是时兴的剖光石球，与故宫门外大街在风格上很不统一。历史文化名城保护的成败在于细节，延续历史风貌的具体措施应力求详尽，大到历史城区，小到建筑细部，均应详加考虑。某些建筑构件或构筑物作为细部是不难调整、修改的，应本着"不以善小而不为"的原则，尽快改善。

实事求是地说，沈阳前清皇城的规模较北京明清皇城小得多，这是一个有利的客观条件，与此同时，对于沈阳前清皇城的控制和保护措施应更为严格。皇城内应统一建筑风格，在城内兴建建筑，举行专门的设计竞赛，并选出有利于历史城区保护的好方案，报省市级主管部门批准方可开工建设。对于皇城内的已建成建筑，应予以严格甄别，凡与须保护建筑风格不符者，应确定该建筑的使用年限，并提前进行控制性规划，对将在原址上兴建的新建筑提出明确的风格要求。

4. 促进景点遥相辉映

沈阳前清皇城周围分布大量文物古迹，既包括前清遗迹，又包括其他历史年代的遗迹。例如：慈恩寺、太清宫、小南天主教堂等等。如今这些著名历史遗迹多为"文物保护单位"。前清皇城周围的文物古迹有相当的密集度，以当前的保护规格而论，显然未充分考虑各文物古迹之间潜在的系统效应。应充分考虑到各文物古迹并不是孤立的个体，哪怕建成年代、风格各异，各相邻文物古迹也已形成事实上的历史文化街区，因此，应以"历史文化街区"的规格来保护各文物古迹之间形成的历史文化空间。我们应按各个文物古迹之间的不同关系划分不同类型的历史文化街区，古迹之间的关系大致可分为以下几种类型：建成年代不同而风格较为统一，如太清宫和盛京城址；建成年代相近且风格容易统一，如慈恩寺和万柳塘；建成年代相仿而风格迥异，如小南天主教堂和张氏帅府。太清宫和盛京城址角楼分列于西顺城街两侧，两组建筑隔街呼应，互相可取到良好视角。若将西顺城街作为"视廊"，在人行或车行至西顺城街和北顺城路交叉口时，可望见两组建筑如门阙般耸立于街两侧，体量厚重，颇具震撼力。慈恩寺与万柳塘隔东滨河路相望，虽然其间有第27中学阻隔，但这一障碍是可以弱化的。仅慈恩寺的占地面积就达到12600平方米，超过1公顷，其中的文物古迹和建筑面积也超过了总面积的60%，符合历史文化街区所规定的面积要求。历代寺院大多选择在风景秀丽的环境中修建，慈恩寺的选址意图估计也与此有关，总之，寺院与柳塘可以相辅相成，形成富于内涵且景色怡人的历史文化街区。因小南天主教堂与张氏帅府均非前清古迹，因此这里不再赘述。

北塔法轮寺与新开河公园隔北塔街相望，虽然新开河公园不是名胜古迹，无法与北塔法轮寺共同形成历史文化街区，但是，新开河公园很好地烘托了塔体，在公园内形成对塔体的较佳视廊，其烘托历史风貌的作用还是值得肯定的。相比之下，南塔塔身彻底被周围的当代建筑所包围和遮挡，观赏前引导与暗示作用不明显，也缺乏适宜的周边环境相烘托。这一问题应予以重视和处理解决。

9.3 保障管理政策实施

文物保护政策的实施，必须根据《中华人民共和国文物保护法实施条例》（2003年）来进行。为切实有效地实施保护政策，我们必须充分考虑文化遗址类文物的属性，并结合前清文化遗址的实际特点。

9.3.1 明确工作性质，提高保护水平

1. 遗址保护的复杂性

一般而言，文物保护前期工作的首要步骤是"考古发掘"。具体而言，可分为三个步骤：调查、勘探和发掘（包括"配合建设工程进行的考古调查、勘探、发掘"）。对于不可移动文物，后续工作为"划定必要的保护范围，作出标志说明，建立记录档案，设置专门机构或者指定专人负责管理"，在划定保护范围的基础上，确定"建设控制地带"。在调查研究前清文化遗址的过程中，我们发现，须在上述条文的基础上，进一步明确古建保护的具体工作步骤。对文化遗址

进行保护的首要步骤之一即古建测绘。古建测绘过程大致可分为现场作业和场外作业。其中，现场作业既包括"测"的过程，也包括一部分"绘"的过程，主要是指实测古建各个组成部分，绘制简图，并记录所测尺度数据；场外作业主要是将现场作业的成果转化为详细、准确的测绘图。现场作业与"考古调查"所涵盖的工作范围有关，场外作业则主要与后续的"建立记录档案"有关。"考古调查"一般可理解为"勘探"和"发掘"的前期工作。但是，对文化遗址的考古工作一般包括：调查，勘探，发掘，再调查，再勘探。古建测绘的现场作业部分已涵盖了其中 4 个步骤，唯有发掘工作除外。古建测绘的场外作业部分不仅包括"建立记录档案"，而且涉及"作出标志说明"。

合理划定建设控制地带和筹划文物保护工程至关重要："文物行政主管部门在审批文物保护单位的修缮计划和工程设计方案前，应当征求上一级人民政府文物行政主管部门的意见。"另外，从事馆藏文物修复、复制、拓印的单位，应当具备下列条件：有取得中级以上文物博物专业技术职务的人员；有从事馆藏文物修复、复制、拓印所需的场所和技术设备。

对前清文化遗址的保护必然包括对馆藏文物的保护："文物收藏单位应当建立馆藏文物的接收、鉴定、登记、编目和档案制度，库房管理制度，出入库、注销和统计制度，保养、修复和复制制度。""修复、复制、拓印馆藏二级文物和馆藏三级文物的，应当报省、自治区、直辖市人民政府文物行政主管部门批准；修复、复制、拓印馆藏一级文物的，应当经省、自治区、直辖市人民政府文物行政主管部门审核后报国务院文物行政主管部门批准。""建立文物藏品档案制度，并将文物藏品档案报所在地省、自治区、直辖市人民政府文物行政主管部门备案。""建立、健全文物藏品的保养、修复等管理制度，确保文物安全。"

2. 调查勘探的计划性

对于一般类型文物的考察研究工作可主要在研究所、博物馆中进行。但是，对文化遗址的调查勘探工作，必然包括大量的现场作业，我们可以把这类现场作业称为古建实测。在对前清文化遗址的调研过程中，我们发现，古建实测是一种复杂的系统工程，须对其难度有充分估计，确保调查勘探的计划性。交通条件对于古建调查勘探具有很大影响。在某些情况下，交通所耗费的时间甚至超过了调查勘探本身的工作时间。根据交通条件的不同，可将前清文化遗址分为三个类别：①便利型，沈阳故宫、昭陵、东西南北四塔、慈恩寺、实胜寺、清真南寺、盛京城址等前清文化遗址位于沈阳这一辽宁省会城市的市区内，交通便利；②一般型，永陵、福陵、永安石桥、兴城古城、中前所城等遗址则或位于城镇内，或位于城郊，交通较为便利，但仍有一定困难；③困难型，松杏明清古战场、东京城城址、东京陵、赫图阿拉城、界藩城、九龙山城、萨尔浒城、辽东边墙、清柳条边遗址、肇宅等遗址则位于乡村或野外,交通最为困难。

不可移动文物包括文化遗址、古墓葬、石窟寺和属于国家所有的纪念建筑物、古建筑等。对于不可移动文物,应当符合文物保护的要求。建筑遗址与其他类型的文物有着明显差别。很大程度上,这是由建筑遗址的不可移动的特性决定的。就考古调查而论,针对其他类型文物的大部分工作可在较为便利的条件下进行,比如在室内环境中,可采用空气调节手段,控制温度和湿度等。相当比例的建筑遗址的考古调查工作只能露天进行,缺乏良好条件,甚至在气候、地理条件较为恶劣的环境中进行。某些遗址残存无几,如大御路,仅存永安桥一处较明确的节点;西塔等为毁坏后重建,考古调查的难度很大。一般文物可能数量庞大,但单个文物的复杂性较低;前清遗址的数量不多,共二十余处,但具有不可拆分的特性,单处遗址的构成元素较多,构成关系复杂。前清文化遗产大多数已成为名胜古迹,尤其是开放供游客参观的遗址,调查测绘等保护工作往往与参观游览活动相矛盾。既要保持遗址在游客心目中的形象,又要落实保护措施,两者不可偏废。辽宁地区属寒冷地区,适宜考古调查的时期并不长,尤其是冬季,天气寒冷,昼短夜长,测绘等活动的环境条件十分艰苦。

3. 档案记录的准确性

以往的古建调查测绘成果以墨线图为主,已由传统的尺规作图改为 CAD 软件作图。但是,墨线图形式终究有其局限性,例如:不利于准确表现建筑构件复杂的凹凸变化,不利于形成直观的整体印象等。众所周知,古建形体变化丰富,装饰繁复,古建的绘图表达较之一般的现代建筑更为复杂,Sketchup 等三维绘图软件难以满足其要求。因此,应在墨线图基础上,引入适宜的三维绘图软件,尤其是对复杂建筑形体表现力强的 3DSMax、犀牛等。

某些前清古建筑群规模庞大,档案记录工作量也随之变大,这样,测绘误差在所难免。必须进行多次档案记录,以便校核比对。文物保护单位的记录档案,应当充分利用文字、音像制品、图画、拓片、摹本、电子文本等形式,有效表现其所载内容。"全国重点"、"省级"和"设区的市、自治州级和县级"的"文物保护单位",均应"自核定公布之日起 1 年内,由核定公布该文物保护单位的人民政府划定保护范围,作出标志说明,建立记录档案,设置专门机构或者指定专人负责管理"。1 年之内建立起的档案记录,必然不够全面,需要逐步完善,这就要求有计划有步骤地逐渐落实。

9.3.2　促进多边协作,提倡社会参与

"文物保护单位的保护范围,是指对文物保护单位本体及周围一定范围实施

重点保护的区域。""文物保护单位的保护范围，应当根据文物保护单位的类别、规模、内容以及周围环境的历史和现实情况合理划定，并在文物保护单位本体之外保持一定的安全距离，确保文物保护单位的真实性和完整性。"保护范围不难划定，现实中相关部门对文物保护单位保护范围的划定一般也是合理的。但是，如何在该范围内切实履行保护古建的使命，则有不小的困难；保护文化遗址的本体不难，难在如何切实"保持一定的安全距离"；"确保文物保护单位的真实性和完整性"不难，难在确保周围环境与文化遗址本体之间的协调性。

文物保护单位的建设控制地带应符合下列规定："文物保护单位的建设控制地带，是指在文物保护单位的保护范围外，为保护文物保护单位的安全、环境、历史风貌对建设项目加以限制的区域。""全国重点文物保护单位的建设控制地带，经省、自治区、直辖市人民政府批准，由省、自治区、直辖市人民政府的文物行政主管部门会同城乡规划行政主管部门划定并公布。""省级、设区的市、自治州级和县级文物保护单位的建设控制地带，经省、自治区、直辖市人民政府批准，由核定公布该文物保护单位的人民政府的文物行政主管部门会同城乡规划行政主管部门划定并公布。"在涉及古建保护的问题时，各方存在着复杂的利益关系，协调多边关系难度很大。"建设单位对配合建设工程进行的考古调查、勘探、发掘，应当予以协助，不得妨碍考古调查、勘探、发掘。"尤其需要指出的是，文物保护部门应与城市规划部门、城市建设部门相协调，完善对前清文化遗址的保护工作。"公安机关、工商行政管理、文物、海关、城乡规划、建设等有关部门及其工作人员，违反本条例规定，滥用审批权限、不履行职责或者发现违法行为不予查处的，对负有责任的主管人员和其他直接责任人员依法给予行政处分；构成犯罪的，依法追究刑事责任。"参与考古发掘工作的单位应具有考古发掘资质证书。考古资格的审核，应增加熟悉建筑学和土木工程学的专业人士，作为考核的标准之一。考古学者往往只熟悉与建筑遗址相关的历史事件，而对文化遗址所涉及的建筑形制、结构作法等缺乏深入了解，与此同时，建筑学专业虽然开设《中国建筑史》等课程，并设有"建筑史"博士、硕士研究方向，但对于建筑考古等实践性很强的领域则很少涉及。应提高高等院校建筑学专业对文化遗产保护的参与度，在此基础上争取校际合作。

应调动各种社会力量参与前清历史文化遗址的保护工作："文物行政主管部门和教育、科技、新闻出版、广播电视行政主管部门，应当做好文物保护的宣传教育工作。""国务院文物行政主管部门和省、自治区、直辖市人民政府文物行政主管部门，应当制定文物保护的科学技术研究规划，采取有效措施，促进文物保护科技成果的推广和应用，提高文物保护的科学技术水平。""古文化遗址、古墓葬、石窟寺和属于国家所有的纪念建筑物、古建筑，被核定公布为文物保护单位的，由县级以上地方人民政府设置专门机构或者指定机构负责管理。其他文物保护单位，由县级以上地方人民政府设置专门机构或者指定机构、专人负责管理；指定专人负责管理的，可以采取聘请文物保护员的形式。"

9.3.3 加大保护投入，优化经费管理

对于文物保护经费的用途，《辽宁前清建筑文化遗产区域整体保护规定》应有明确规定："国家重点文物保护专项补助经费和地方文物保护专项经费，由县级以上人民政府文物行政主管部门、投资主管部门、财政部门按照国家有关规定共同实施管理。任何单位或者个人不得侵占、挪用。""国有的博物馆、纪念馆、文物保护单位等的事业性收入，应当用于下列用途：①文物的保管、陈列、修复、征集；②国有的博物馆、纪念馆、文物保护单位的修缮和建设；③文物的安全防范；④考古调查、勘探、发掘；⑤文物保护的科学研究、宣传教育。"

对于文物保护经费的分配比例问题，我们应具体讨论。古建筑遗址具有不可替代性，确应加强保护措施。但我们也应看到，所有的保护措施均仅能延缓其"衰老"，延长其"寿命"，却无法从根本上促使其"年轻化"。因此，将古建遗址的相关信息尽量完整地记录下来，实属当务之急。在此过程中，应区分"硬件投入"和"软件投入"。就古建保护而言，购买相关设备等应归入"硬件投入"，例如，古建测绘所需的"高精度电子测距仪"，与土木工程测量常用的普通测量仪有所不同，更适于测量工作量巨大的文化遗址测绘。某些古建保护设备较为陈旧，有待更新。然而，我们更应加强"软件投入"。如前所述，鉴于古建测绘是长期而艰巨的系统工程，尤应加强古建测绘方面的软件投入。例如，应加强测绘过程中的安全措施，应改善赴老少边穷地区测绘时的交通手段等。上述举措均须加强软件投入来予以保障。我们还应认识到，增加软件投入，投入相对较小而效益相对较大。众所周知，古建测绘是古建研究的基础，古建研究又构成古建保护的基础。不仅如此，从某种程度上说，古建研究实际上是与古建测绘同步进行的。古建研究的最佳场所并非研究所或文物局，而是古建遗址现场。因此，为专家、学者以及建筑学专业学生提供适当经费，促进其现场研究工作，会产生明显效益。对古建保护进行经费投入不能一蹴而就，应注重分期投入，这与古建保护的长期性、复杂性是相匹配的。

9.4 推动市场经济运作

我们可以充分利用前清古建遗址的历史价值，创造经济效益，进而为古建保护和研究工作筹措资金；充分地保护并研究古建，又有利于挖掘其历史价值。上

述过程能够形成良性循环。在不造成古建破坏的前提下，开展遗产旅游被认为是推动市场经济运作的主要方式。我们应具体分析针对古建的经济运作过程，来实现其经济效益。

9.4.1　提高遗址知名度，发掘多元兴趣点

获取经济效益的前提之一是运作对象具有较高的知名度。客观地讲，前清文化遗址在全国范围内的知名度并不高，在此方面具有很大潜力。为提高知名度，应采取具有广而告之性质的各项举措。

1. 解决固有矛盾

一般认为，通过实地旅游来提高名胜古迹的知名度是最行之有效的实践方式。然而，专程到辽宁境内进行观光旅游的游客，其数量与其他一些省份相比并不算多。来自其他省份的人群多数是以商务活动、学术交流活动为主要目的，顺便参观前清文化遗址。传统旅游项目虽然是当前经济运作的主要方式，我们无法放弃此种做法，但其负面效应也是显而易见的——过度的旅游负荷会对古建造成破坏。因此，古建保护与旅游是既互相依存，又相互妨碍的两类活动，两者构成针对文化遗址的一对固有矛盾。因此，我们应另辟蹊径，在加强前请文化遗址整体保护的基础上，提高其知名度，最终达到经济效益与社会效益双丰收的良好状态。

2. 加强广告效应

随着信息技术的发展和信息社会的到来，我们应充分借助虚拟现实技术，来扩大前清古建的知名度和影响力，并避免传统的负面效应。以往未旅游者对某处名胜的基本印象，主要来自该处名胜在已旅游者中的口碑。也就是说，广告效应的实现是以实地旅游为前提的。出于对古建进行整体保护这一核心目的，应打破上述定势。因此，我们应对信息时代的本质特征予以足够重视，充分运用多媒体技术。例如，以 3D 建模技术重建完整的前清古城和古建筑。在此基础上，运用 3D 动画技术制作前清遗址宣传片和广告片。借助 3D 技术，我国电影工作者录制了电影《圆明园》，使基本损毁的圆明园展现在世人面前，这一盛举给广大古建筑保护工作者以很大鼓舞和启发。多处前清遗址已遭破坏或基本损毁。运用虚拟现实技术，重建其完整的建筑形象具有重大意义。

3. 发掘多元兴趣

公众对同一历史文化遗产会有不同的兴趣点。深入挖掘多元的公众兴趣点是

经济运作的重要环节。经过深入分析我们发现，前清文化遗址可以引发公众多个兴趣点，蕴含着很大的市场运作潜力，比较突出的公众兴趣点来自历史、政治、军事、文化以及建筑等方面。历史方面，清朝是我国最后一个封建王朝，也是一个少数民族封建政权。在此之前，是我国最后一个汉族封建政权——明朝；在此之后，即是连接古代与现代的近代社会。因此，清代是特征十分鲜明的一个朝代，在中国历史上极具影响力。为了充分了解清朝，必须对前清历史进行必要的探索。对于前清历史，还有许多历史真相需要考证，还有许多重要的历史之谜等待解开，例如，努尔哈赤身世之谜。女真族的历史如《蒙古秘史》，其中的未解之谜众多，吸引考古学家和历史学家深入探索。从社会历史的角度来看，前清时期正是满族生产方式的剧变时期——逐渐由狩猎转为农耕；生产关系同样经历着本质变化与发展——由奴隶制生产关系转向封建所有制生产关系。政治方面，满族当时的生产力、经济和文化领域都相对落后于中原地区，但政治、军事方面有着压倒性优势，最终取得了全国政权。居住在北京雄伟豪华宫殿中的明朝统治者，被居住在沈阳朴素简陋宫殿中的清朝统治者打败。近年来，我国开发的红色旅游日益兴盛，井冈山、延安、西柏坡等革命圣地得到人们的瞻仰。虽然封建王朝无法与红色政权相提并论，但我们仍旧能够从"红色旅游"的思路中得到很大启发。我们应充分探讨在发展初期，满清政权如何能够迅速崛起，其中蕴含的具有普遍性的历史规律是什么等问题。相信前清政权发展所遵循的历史规律会令我们深受启发，其中勤俭建国、反腐倡廉等方针仍对我国当代发展具有重大的启示意义。军事方面，我国军事爱好者人数众多。前清文化遗产中，古战场的数量占有一定比重，其中包括松杏明清古战场、兴城古战场等。古战场往往随着时代的变迁而湮没于历史的长河中。然而，即使历史遗迹已经荡然无存，只要自然地形地貌未发生变化，就仍有可以体验的历史价值。"红色旅游"中有重走长征路等公众十分热衷的项目，我们可以以此为鉴，通过前清古战场遗址来发掘公众尤其是军事爱好者的兴趣。以松杏明清古战场为例，只要经过考古和历史研究能够确定明、清两军的行军路线，就可以安排游客开展相应的旅游活动。文化方面，前清历史文化特色充分反映在各个历史遗址中。其文化特色主要体现在满族文化与汉族关外文化充分结合方面，另外，蒙古族、朝鲜族等少数民族文化特色也反映其中。从宗教来看，萨满教、藏传佛教等宗教文化也反映其中。我们可以比较北京和沈阳两座故宫——北京故宫主要由明代故宫改建而成；沈阳故宫则属新建，其时代特征和民族特色更加鲜明，更加充分地体现了文化特色。建筑方面，清朝是最后一个封建王朝，距今年代较近。并且，清朝素来注重对"龙兴之地"的保护。前清历史文化遗址遭受的人为破坏较少，但清朝中后期遗址则因诸多历史原因保存不利，如作为中后期清帝日常起居办公之处的圆明园被毁，北京诸多文物古迹遭破坏。前清古建筑一般保存较好，为古建筑研究奠定了良好基础。我们应关注前清古建筑在艺术与技术等方面的特色与发展状况。例如，永安石桥、南塔等遗址中，石刻技术传承关系及不同时期的相关技术演变可以作为研究重点之一。再如，故宫等遗址中的建筑采暖和保温技术，由于辽宁属寒冷地区，此方面的各种建筑形式和技术手段极具地方特色，值得深入研究探讨。

9.4.2 促进公众参与度，加强历史影响力

为解决古建保护和经济运作的矛盾，为减轻前清文化遗址的旅游负荷，我们应大力开展网上旅游。与此同时，在保证传统旅游项目的基础上，开发特色项目。

1. 促成虚拟旅游

通过 3D 动画技术建立文化遗址景观模型，增强公众对游览的可控性，努力促成虚拟旅游。多媒体技术中可以为公众提供更加完善的"虚拟旅游"体验，例如，可以运用 3D 动画技术，按照游客的意愿不断变换视点——既可以由参观者手动自主选择视点，也可以设定不同的摄像机路径，形成多条旅游路线，实现观景视角和景观变换的丰富性。在此基础上，还可以通过添加脚步声、模拟人身动觉等手段形成更为逼真的旅游体验，模拟骑马、乘坐马车时的动觉感受，则更有利于塑造历史感。在虚拟旅游过程中，可以与历史名人不期而遇，合影留念或请其做导游。值得注意的是，多媒体技术还可以促成实地旅游不可能引发的观景体验，例如，可以采用鸟瞰视点，以飞鸟的角度居高临下地观赏前清文化遗址全景，使人获得更加全面的动态体验，并且可以采用飞机驾驶、乘热气球、骑天鹅等其他丰富多彩的游览模式。实地旅游过程中，景观均以透视的形式出现，场景具有真实性的同时，却也缺乏客观真实的尺度感。虚拟技术可以适时将透视图转化为轴测图，尤其是将鸟瞰图转化为全景轴测图，给普通的非专业游客以更加专业的尺度感。许多在实地旅游时被禁止的行为也可以在虚拟旅游中实现，例如：在虚拟石壁、石碑上即兴题词和题诗等等，这些行为不但容易实现，而且可以在网络中永远保留其印迹。虚拟旅游与实地旅游相比，具有诸多优点，例如：大大降低公众的旅游费用——大多数有旅游意愿的人群属低消费人群，如青年学生群体、退休群体等，虚拟旅游可以满足广大低消费人群的旅游需求，使他们同样能够"观赏"到前清文化遗址；公众不必长途跋涉——辽宁地处关外，对全国大多数地区而言，路途比较遥远，开展虚拟旅游有利于减小长途交通负荷；公众不必忍受交通不便和人群拥挤之苦——每逢"黄金周"等旅游旺盛期，全国各处名胜古迹往往人满为患，游客举步维艰，同时带来交通拥堵等次生问题，虚拟旅

游则可以完全避免此类问题；最重要的，避免了对前清文化遗址的破坏——古文化遗址满载珍贵文物，既是难得的历史见证，又是"不可再生资源"，但实际情况是，旅游业发达地区的名胜古迹往往因旅游负荷太大而遭破坏，这是令人痛心疾首的严酷事实，开展虚拟旅游，在一定程度上代替实地旅游，可以大大减轻对前清文化遗址所造成的破坏。

当然，我们必须承认虚拟旅游的局限性，身临其境的感觉再逼真，也无法完全代替实地旅游——3D 建模不可能将文化遗址的全部细节都创建出来，更不可能将环境中的一草一木都复制到虚拟环境中去。另外，虚拟旅游自身也存在一定弊端，例如：虚拟旅游无法带动餐饮、购物等附带消费活动，不利于扩大内需，拉动消费。因此，我们应确立虚拟旅游与实地旅游并重的方针，并采取双向调节措施——在文化遗址实地旅游负荷加大的情况下，大力宣传并提倡虚拟旅游；在实地旅游不景气的情况下，强调实地旅游的不可替代性。

2. 增强历史体验

文化遗址的历史价值在于它们所承载的历史史实，史实包括建造活动本身，但更加紧要的是在其中发生的重大历史事件。对文化遗址历史价值的深入体会有赖于对相关历史事件的体验。历史体验可分为实地体验和虚拟体验两类。本书强调对历史事件的虚拟体验。其原因与提倡虚拟旅游相类似，不再赘述。虚拟体验主要以网络游戏为依托。首先，应开发建造类游戏。例如，给出建造古城、古建筑群、古建单体的平面图，凭借对实景图片的记忆，尽可能按照其历史面貌将其复原。其次，可以开发虚拟人生游戏。例如，模拟在前清奉天都城中的日常生活，体验古代生活。再次，可以开发战略类游戏。例如，模拟萨尔浒大战、宁锦大捷、松杏之战等明清之间的关键战役。此类游戏必然受到广大军事爱好者的追捧。网络游戏的种类很多，通过网络游戏强化历史体验大有可为。有人担心，网络游戏可能导致篡改历史或扭曲历史的不良效应。其实，只要举措得当，网络游戏完全可以趋利避害——既促使人们了解历史常识，加深历史体验，又避免了对历史的歪曲。

在实地旅游方面，也可以大力强化历史体验。首先，可以参照国外盛行的 cosplay 模式，进行角色扮演。例如，身着八旗军官铠甲或旗袍等参观游览，既可以强化自身的历史体验，又能够为前清文化遗址增加历史氛围，具有一举两得的功效。可以模拟重大历史事件，如欧洲某小镇每年重演拿破仑经典战役。受此启发，可以群策群力，在古战场遗址周边模拟萨尔浒大战、宁锦大捷、松杏之战等关键战役的具体场景，重现萨尔浒战场上的攻守进退。并且，可以拍摄真人电影，为游客留下纪念。另外，开发类似于 CS 的作战类真人游戏，不仅可以达到娱乐目的，还能培养企业、机关单位等集体的团队精神。另外，可以结合旅游来开展全民健身运动，将参观游览与体育竞技结合起来。例如，在条件允许的情况下，可以开展骑马、射箭、击剑等军事体育项目，还可以在占地广阔的文化遗址上或多处遗址之间开展行军活动，增长体能，培养耐力。

3. 开发特色项目

虽然同在辽宁省境内，但分布各个前清文化遗址的不同地区仍有明显的地域差别。因此，根据不同地区的区域特色，因地制宜地开展经济运作既是必要的，也是可行的。

辽宁省不同地区各自拥有其特产，以工艺品材料为例，岫岩产出岫玉，葫芦岛产出葫芦。但是，各地区均对自身特色有不同程度的忽略。以葫芦岛为例，当地向来有以葫芦为底料作画的传统，但绘画题材几乎未反映出当地名胜（如兴城城楼、魁星楼等）。如能对前清文化遗址的建筑形象进行概括、提炼，使其与地方特产结合起来，则能够达到相得益彰的效果。另外，应充分考虑将地方特色与当代的时代特点结合起来，共同推动经济运作。例如，辽宁素有"天辽地宁"之说，其地域辽阔的特征由此可窥一斑。从地理分布来看，各前清文化遗址之间往往存在着较大的地域跨度，某些文化遗址自身即占地较大。

当代的生活方式和观念在不断发展变化。由于私家车的普及，自驾游以自由性与灵活性为特色，逐渐成为公众青睐的旅游方式。因此，可以结合前清文化遗址，在确保古建不被破坏的前提下，开展适度的辽宁古迹自驾游。

总之，在《辽宁前清建筑文化遗产区域整体保护规定》的指导下，我们应吸取历史教训，根据辽宁省的区域环境特点，详细考察古迹现状，进一步明确保护范畴，统一保护政策。在此基础上，我们应强调整体规划，发挥系统效应，注重保护关键节点，完善"保护规划链条"，并着重强调古城的整体形象。在制定整体保护规划时，还应力争还原真实的历史环境，扩大古城的统摄范围，与此同时，善于保护历史细节。保护规划重在施行，因此应确保管理政策得到有效实施，这就要求我们进一步明确工作性质，提高保护政策的实施水平。应充分考虑历史文化遗址保护的复杂性，在此基础上加强调查勘探的计划性，最终实现档案记录的准确性和保护工程的完整性。除提高各相关部门的保护水平，还应促进多边协作，提倡社会参与，并加大保护投入，优化经费管理。最后，在建立完善的古建保护支持系统，充分保护历史文化遗址的前提下，适度推动市场经济运作。

第 10 章　东京陵保护规划

10.1　东京陵概况

东京陵位于辽宁省辽阳市东京陵乡东京陵村，在辽阳老城东太子河右岸的阳鲁山上。后金天命六年（1621 年，明天启元年），努尔哈赤攻占沈阳、辽阳等辽东七十余城，把都城迁至辽阳（今辽阳太子河东新城），天命九年（1624 年）建东京陵。努尔哈赤命族弟铎弼等从祖茔赫图阿拉（今新宾）将景祖（祖父觉昌安）、显祖（父塔克世）、孝慈皇后及继妃富察氏、皇伯、皇叔、皇弟、皇子等诸墓迁葬于此。当灵椁将至时，清太祖努尔哈尔赤率诸贝勒、大臣，出城 20 里迎至今辽阳市灯塔县的皇华亭，并命都督汪善守墓。28 年后，顺治八年（1651 年），又将景祖、显祖和皇伯礼敦、皇叔塔察篇古等墓，迁回新宾永陵，孝慈皇后及富察氏改葬沈阳福陵，封阳鲁山为吉庆山。

东京陵如今仅存庄亲王舒尔哈齐、大太子褚英及贝勒穆尔哈齐三座陵园。东京陵规模不大，由于当时忙于征战，陵墓简陋，后经顺治、康熙、乾隆、嘉庆年间多次重修，方成现在规模。在建筑布局和建筑艺术上，东京陵具有浓厚的地方色彩和独特的民族风格。该陵从营建至今已有三百余年的历史，它不仅在清朝政权发展史上具有十分重要的意义，也是研究前清历史的重要遗迹。

（1）主要建筑遗存

东京陵如今仅存庄亲王舒尔哈齐、大太子褚英及贝勒穆尔哈齐三座陵园。以下是现存文物主要遗迹，如表 10.1 所示。

表 10.1　东京陵主要建筑遗存

序号	文物遗迹名称	现存状况
1	舒尔哈奇陵山门	一道青砖砌拱券门，整体保存情况较好。硬山屋顶，屋顶瓦片略有剥落
2	舒尔哈奇陵碑亭	是舒尔哈奇陵里保存情况最好的建筑。青砖墙面，四面各有一道拱券门。单层檐歇山屋顶，瓦片保存较好。彩画局部油彩剥落。碑亭内有石碑一座，保存也比较完整
3	舒尔哈奇陵院墙	院墙全用青砖砌成，上饰灰瓦青砖墙帽。局部青砖有剥落，保存情况一般

续表

序号	文物遗迹名称	现存状况
4	舒尔哈奇陵内院门	一道青砖砌拱券门，整体保存情况一般。硬山屋顶，屋顶瓦片因杂草丛生破损严重
5	舒尔哈奇墓	圆形，石块砌筑。圆顶裂缝较大、破损严重。台基石块磨损也比较严重
6	褚英陵山门	一道青砖砌拱券门，整体保存情况较好。硬山屋顶，屋顶瓦片略有剥落
7	褚英陵院墙	院墙全用青砖砌成，上饰灰瓦青砖墙帽。局部灰瓦有剥落，保存情况较好
8	褚英墓	圆形，石块砌筑。圆顶局部有裂缝。台基石块磨损比较严重
9	穆尔哈奇陵山门	一道青砖砌方形门，整体保存情况较好。单檐灰瓦屋顶，门框油漆略有剥落
10	穆尔哈奇陵石碑	西侧石碑保存完整，中间石碑和东侧石碑有风化侵蚀现象
11	穆尔哈奇陵正中内院门	一道青砖砌拱券门，墙面青砖有破损，整体保存情况一般。硬山屋顶，屋顶瓦片因杂草丛生破损严重
12	穆尔哈奇陵西侧和东侧内院门	一道青砖砌方形门，局部灰瓦有剥落，保存情况较好。门两侧抱鼓石有风化侵蚀现象
13	穆尔哈奇陵院墙	院墙全用青砖砌成，上饰灰瓦青砖墙帽。墙体局部有裂缝，青砖有剥落，保存情况一般
14	穆尔哈奇墓	圆形，石块砌筑。圆顶裂缝较大、破损严重。台基石块磨损也比较严重
15	大尔差墓	圆形，石块砌筑。圆顶局部有裂缝。台基石块磨损比较严重

①舒尔哈齐陵园。舒尔哈齐是努尔哈赤的胞弟，序行第三，初封达尔汉巴图鲁，追封庄亲王。舒尔哈齐陵园位于阳鲁山西南角。呈长方形，东西长82米，南北宽19.8米，面向东南，即"面坤（东南）背艮（西北）"，共两进院落，前为碑院，后为坟院，四周有丈余高的围墙。前有陵门一间，两级石阶，门为硬山式，青砖布瓦，大脊及螭吻兽头等饰件亦用青素。拱形券门，下碱及券脸均为石砌成，下碱雕饰象驮宝瓶等吉祥图案。木门两扇，上涂朱漆。围墙亦为石座，青砖墙身，墙顶覆盖素瓦。门两侧看墙刻有二龙戏珠图案。碑亭位居院内正中，单檐四角亭式建筑，青砖布瓦素色饰件。四面有券门，亭内彩绘天花藻井，碑全称为顺治十一年"庄达尔汉巴图鲁庄亲王碑"，高三米有余，宽124厘米，厚42厘米，碑文满汉合璧。碑身四周有二龙戏珠纹。碑石呈乳白色，石质坚硬而细腻，当地人称此石"臭玉"。碑亭为光绪年钦派山西后补同知文光监修。碑亭之后有

墙及门与坟院相隔，门两侧下城部位刻有四言诗，并雕有松、鹿等图案。坟院有丘冢一座，高约三米，圆柱形，圆顶，以石灰抹光，下有石砌台基。从陵门至坟丘有石铺"神道"。此陵除碑亭及碑尚属华美，其他均十分简单朴素。

②褚英陵园。褚英是努尔哈赤的长子，赐号阿哈图图们，后于赫图阿拉被囚禁而死。褚英陵园位于舒尔哈齐陵园南侧，陵园较小，东西长 24.5 米，南北宽 20.1 米，俗称"太子坟"。陵园四周有围墙，前有红门，门与舒尔哈齐陵园形制相似，园内仅有坟丘一座，高约一丈一尺，圆柱体，周围用青砖垒砌，圆顶，以白灰抹光。正面有神道，内有古松数株。

③穆尔哈齐陵园。穆尔哈齐是显祖第二子，赐号诚毅，初封清巴图鲁，追封为多罗贝勒。大尔差是穆尔哈齐子，追封为刚毅辅国公。穆尔哈齐与大尔差陵园位于舒尔哈齐陵东约 200 米。面向东南，取"向巽（东南）背乾（西北）"方位。长方形（后墙为半圆形），缭墙南北长 48 米，东西宽 24.5 米，门南向偏东 15 度。院落两进，前有墓碑三甬。其一，多罗勇壮贝勒穆尔哈齐碑，康熙十年立。其二，为"刚毅辅国公大尔差碑"，亦为康熙十年勅建。其三，为伪满康德三年（1935 年）由穆尔哈齐十世孙宝熙、熙洽所立。以上石碑均为龟趺螭首，碑后为隔墙，墙有中门及两侧门。坟院有丘冢两座，西为穆尔哈齐，东为大尔差。丘高各约九尺，直径约一丈有余，下无台基。

（2）相关环境

东京陵位于辽宁省辽阳市太子河区东京陵乡东京陵村的阳鲁山上，沈营公路于其西缘通过。陵区内现有居民近百户，人口约 300 人。

10.2　保护规划总则

（1）总则

① 东京陵位于辽宁省辽阳市太子河区东京陵乡东京陵村。东京陵是研究前清历史的重要建筑文化遗产。1988 年被辽宁省文化厅公布为辽宁省第四批重点文物保护单位。

② 本规划为东京陵保护规划，适用于东京陵及其所在周边环境，包括：东京陵的 3 个陵园（舒尔哈齐陵、褚英陵、穆尔哈齐陵）、其他附属建筑以及人文环境和自然环境。

③ 保护规划的目的是真实、全面地保护东京陵，并延续其历史信息及全部价值。为此而采取的各种技术手段和管理措施都应当遵守不改变文物原状，并能最大限度地保存一切历史信息的规则。

（2）编制依据

① 国家法律法规文件：《中华人民共和国文物保护法》（2002 年）；《中华人民共和国城市规划法》（1989 年）；《中华人民共和国环境保护法》（1989 年 12 月）；《中华人民共和国文物保护法实施条例》（2003 年 5 月）；《全国重点文物保护单位保护规划编制要求》（2005 年 7 月）。

② 地方相关法规文件：《辽宁省（文物保护法）实施办法》；《关于公布全国重点文物保护单位和省级文物保护单位保护范围和建设控制地带的通知》；《辽宁省人民政府关于调整我省全国重点文物保护单位、省级文物保护单位保护范围和建设控制地带的批复》。

③ 国内国际宪章、公约与文件：《中国文物古迹保护准则》（2002 年）；《关于保护景观和遗址风貌与特征的建议》（1962 年）；《国际古迹保护与修复宪章》（1964 年）；《保护世界文化与自然遗产公约》（1972 年）；《关于在国家一级保护文化和自然遗产的建议》（1972 年）；《关于历史地区的保护及其当代作用的建议》（1976 年）。

（3）规划范围

规划范围包括东京陵及相关环境。规划面积约 5.7 公顷。

（4）规划期限

规划年限为十二年，分为近、中、远三个阶段。规划近期：2013～2015 年，两年；规划中期：2016～2021 年，五年；规划远期：2022～2027 年，五年。

10.3　保护对象评估

10.3.1　价值评估

东京陵是保存比较完整的前清陵墓建筑文化遗产，可以作为清朝前期没有埋葬皇帝的皇家陵园代表，为研究前清努尔哈赤时期修建陵寝提供了实物例证，具有较高的历史价值、艺术价值和社会价值。

（1）历史价值

①满族有"敬天法祖"的传统，特别是对先人的祖墓尤为诚敬。因此，努尔哈赤在夺取全辽之后，便择地东京城北阳鲁山为祖陵风水宝地，启建陵寝。东京陵原是清陵规模最大的墓园，但东京陵建成后经过两次迁出，从此降为由诸王自行管理的私属陵园。东京陵记录了清朝前期没有埋葬皇帝的皇家陵园特色。

②东京陵所保留的遗存真实地展示了努尔哈赤当年在辽沈地区的活动史事和历史环境，是清朝前期修建陵园的历史见证和标志。

③东京陵的建筑本身代表了同时期具地方特点的陵寝建筑特色，体现了当时满族的生产、生活方式以及风俗习惯，具有较高的历史和文化研究价值。

（2）艺术价值

①东京陵规模较小，只有缭墙、山门、碑亭等建筑，青砖灰瓦。在建筑布局和建筑艺术上，东京陵具有浓厚的地方色彩和独特的民族风格。

②东京陵的 3 座陵园各有不同：舒尔哈齐陵共两进院落，前为碑院，后为坟院；褚英陵陵园较小，园内仅有坟丘一座；穆尔哈齐陵院落两进，前有墓碑三甬。而且，3 座陵园都是面向东南，除舒尔哈齐陵的碑亭及碑和穆尔哈齐陵的三甬墓碑尚属华美，其他均十分简单朴素，体现了东京陵独特的前清时期陵寝的建筑艺术特点。

（3）社会价值

东京陵是辽宁省文化厅 1988 年公布的辽宁省重点文物保护单位。由于东京陵可以作为研究前清努尔哈赤时期修建陵寝的重要建筑文化遗产，应该得到足够的重视。另外，东京陵可以作为我国历史文化遗产资源重要的宣传场所，其影响和发展也成为当地社会文化发展的重要主题之一。

10.3.2　现状评估

（1）文物本体现状评估标准

根据《中国文物古迹保护准则》第一章第 2 条要求："保护的目的是真实、全面地保存并延续其历史信息及全部价值"，本规划对遗产本体及其环境的保存现状进行专项评估。

（2）文物本体真实性评估

本规划根据东京陵"遗产原状"所受的扰动程度，对东京陵文物本体的真实性进行评估，如表 10.2 所示。

真实性评估分为三个级别：

A 级保持原状，即真实地保留了原创时的风貌与结构，修补的部分不影响其价值的表现。

B 级部分改变，即主要部位或结构保持原创的风貌，修补的部分影响了其价值的表现。

C 级全部改变，即现状完全改变了原创时的风貌与结构。

通过对文物建筑修缮工作和居民居住的干预状况进行真实性评估，评估结论：东京陵的部分文物建筑虽然经过修缮，但不存在人为干预造成的"改变文物原状"的现象，3 座陵园整体基本保持原貌，真实性较好。

（3）保存完整性评估

从东京陵的现存情况来看，其布局完整，历史记载比较丰富详细，原始建筑均有遗存。本规划以 2013 年东京陵遗产留存状况为标准，依据自然灾害和文物价值的表现，对东京陵文物现存遗迹进行遗存质量评估，如表 10.2 所示。

表 10.2   文物遗存遗迹评估表

序号	文物遗迹名称	完整性评估	真实性评估
1	舒尔哈奇陵山门	A	A
2	舒尔哈奇陵碑亭	A	A
3	舒尔哈奇陵院墙	B	A
4	舒尔哈奇陵内院门	B	A
5	舒尔哈奇墓	C	A
6	褚英陵山门	A	A
7	褚英陵院墙	B	A
8	褚英墓	C	A
9	穆尔哈奇陵山门	A	A
10	穆尔哈奇陵西侧石碑	A	A
11	穆尔哈奇陵中间和东侧石碑	B	A
12	穆尔哈奇陵正中内院门	B	A
13	穆尔哈奇陵西侧和东侧内院门	A	A
14	穆尔哈奇陵院墙	B	A
15	穆尔哈奇墓	C	A
16	大尔差墓	C	A

评估的标准为现状保存的完好程度，本规划将文物遗迹现状保存质量分为 A、B、C 三类。

A 类为保存较好，即文物遗迹未出现残损，或有个别残损点需要维护但不影响价值的表现。

B 类为保存一般，即文物遗迹的关键部位的残损点或其组合已影响结构安全和正常使用，有必要采取加固或整修措施，或对文物遗迹的价值的表现有一定的破坏。

C 类为保存较差，即文物遗迹处于危险状态，随时可能发生局部倒塌事故，需立刻采取抢修措施，或严重影响文物价值的表现。

完整性评估结论：文物遗迹保存状况完好（A 类）的占文物遗迹总数的 37.5%，保存状况一般（B 类）的占文物遗迹总数的 37.5%，保存状况较差（C 类）的占文物遗迹总数的 25%，东京陵布局完整，保存完整性较好。

10.3.3　相关环境评估

（1）环境评估标准

本评估针对东京陵的环境内容，根据史料记载，对比历史环境与现状环境，评估环境所受的干扰和变化。

（2）环境现状评估

地形地貌：东京陵周边的主要地形地貌基本保持原状。随着地方经济建设和旅游业的发展，现利用部分住宅用地在修建停车场、旅游服务性建筑，这些新建的设施，建筑风格和使用材料与环境不协调。

乡土环境：现东京陵区域内有居民近百户，人口约 300 人。周边增建了部分建筑，致使历史环境和乡土环境受到影响。部分住户扩大宅基地并增建房屋，由原来的 1 层灰瓦房屋改建为装有铝合金门窗、贴有瓷片的 2 层小楼，与原环境不协调，部分扩大的宅基地侵占了保护范围。

因近年的村镇建设，现村内道路被铺设为水泥路面和柏油路面，原石板地面越来越少。

输电线路和通讯线路为线杆架设，对原生态的乡土环境造成一定破坏。

卫生环境：因缺乏基础设施和管理措施，居民垃圾随地倾倒，排水排污、卫生环卫设施均不完善，对环境造成一定污染。

生态环境：东京陵及周边环境现有一些杂乱树枝和乱石影响景观。

环境评估结论：近年来村镇建设对文物建筑、周边环境和乡土环境的保护带来较大压力，特别需要加大对环境的保护力度；原生地形地貌受到经济活动的潜在威胁；基础设施和管理措施落后，环境污染问题日趋严重。

10.3.4　管理现状评估

（1）保护管理机构现状

①东京陵现由辽阳市太子河区东京陵乡东京陵村管理。

②东京陵地处偏远，由当地村内人员负责日常看管工作，没有成立文物保护小组，没有确定文物保护员，没有人员负责文物保护及文物法规宣传，也没有制定一些相关管理规章。

③文物档案不齐备，可查阅资料较少。

④东京陵管理部门针对东京陵采取了一定的保护措施，包括部分古建筑的维修加固，标志牌、说明牌、保护碑的设置等，收到一定的保护效果。

（2）管理评估结论

①当地文物局应该组织专业的管理人员进行东京陵的文物管理工作。

②应该组织成立东京陵文物保护小组，确定文物保护员，负责文物保护及文物法规宣传，并且制定一些相关管理规章。

③文物档案有待收集和整理。

④标志牌、说明牌、保护牌的设置等保护和管理设施有待完善。

10.3.5　利用现状评估

（1）展陈体系

根据东京陵历史价值的展示要求，就展示内容、展示方式、展示效果、展示路线、展示设施等方面，对展陈体系进行现状评估。

①目前东京陵的展览以现场展示为主要展览方式，未有其他展示形式。整体缺乏展示条件，没有充分展示东京陵的历史价值和艺术价值。

②进入展示区的道路为水泥道路，同周围环境不协调。并且3个陵园的现有道路都通往各居民住户，较为杂乱，并非展示专用道路，现有道路与各个文物点之间缺乏合理连接。

③目前参观车辆随意停放，缺乏布局合理的停车场。

④市政设施配套不到位，周边居民的生产、生活对环境和卫生维护造成不利的影响，同时也限制了游客的活动范围。

⑤缺乏游客服务设施、专业讲解人员。

评估结论：展示路线和内容都较为单一，展示设施和手段有待改进。因缺乏展示基础设施、宣传管理机构、讲解员队伍、游客服务设施，不能满足游客服务工作的基本需要，合理科学的展示还未展开。目前以部分建筑现场展示为主要方式，缺乏对东京陵价值进行充分的、系统的展示体系策划，包括展陈内容、场所、方式、技术与设施等。

（2）宣传教育

东京陵目前已采取的宣传手段力度不够，未在社会上起到应有效果。为了更好地扩大东京陵的影响，令更多的人了解这处清朝前期的历史遗迹，要在全国甚至在世界上取得一定的宣传效果和影响力，应继续采用各种宣传手段，并注重运用现代化的传播技术，扩大信息传播规模，加强民众认知和保护建筑文化遗产的意识。

10.4　现存主要问题

（1）文物本体保护主要问题

东京陵大部分的文物建筑保存较好，只是局部略有破损。如舒尔哈奇陵山门屋顶的瓦片略有剥落，院墙局部的青砖有剥落；褚英陵山门屋顶的瓦片略有剥落，院墙局部的灰瓦有剥落；穆尔哈奇陵山门门框的油漆略有剥落，陵内中间石碑和东侧石碑有风化侵蚀现象，西侧和东侧内院门局部灰瓦有剥落，门两侧抱鼓石有风化侵蚀现象，院墙墙体局部有裂缝，青砖有剥落。

部分文物建筑破坏程度略大。如舒尔哈奇陵内院门屋顶的瓦片因杂草丛生破损严重；穆尔哈奇陵正中内院门墙面青砖有破损，屋顶瓦片因杂草丛生破损严重。

部分文物建筑被破坏相对比较严重。如舒尔哈奇墓圆顶裂缝较大，破损严重，台基石块磨损也比较严重；褚英墓圆顶局部有裂缝，台基石块磨损比较严重；穆尔哈奇墓圆顶裂缝较大，破损严重，台基石块磨损也比较严重；大尔差墓圆顶局部有裂缝，台基石块磨损比较严重。

（2）环境主要问题

东京陵 3 座陵园内的松树和其他绿色植被与陵墓气氛比较符合。但穆尔哈奇陵竖立石碑的一进院落内地面杂草较多，需要清理。

3 座陵园保护范围内有一些需要治理的环境问题。如舒尔哈奇陵外北侧环境比较杂乱，需要清理。舒尔哈奇陵门前广播塔影响视线观瞻。褚英陵围墙北侧自来水机井需要拆除。褚英陵门前南侧公厕需要拆除。舒尔哈奇陵与褚英陵围墙中间环境杂草较多，需要清理。穆尔哈奇陵北侧围墙外有二层民居影响整体环境，需要拆迁。穆尔哈齐陵东侧围墙外环境和陵门前南侧环境比较杂乱，需要清理。东京陵村有小型工厂直接造成了周边环境的污染，需要整改。

保护范围外也有很多影响文物建筑整体环境的问题。如舒尔哈奇陵门前停车场、饭店、舒尔哈奇陵西侧铁路、南侧基督教堂和南侧厂房，工人路西侧工厂厂房、东侧居住区，穆尔哈齐陵南侧民宅等都与文物建筑整体环境不协调。

（3）保护措施主要问题

保护标志数量不足；缺少保护范围界标；缺少必要的消防设施和安防设施。

（4）保护区划主要问题

已公布的东京陵保护范围和建设控制地带比较合理，但还可以进一步形成整体保护规划，更好的、更有效的控制陵园的文化环境范围。

（5）管理主要问题

东京陵文物保护力量薄弱，人员编制与地方财政经费投入明显不足，保护工作缺乏系统性、科学性和整体性的规划，以致其管理工作始终处于被动局面。

10.5　保护规划框架

10.5.1　规划原则

（1）保护为主，统一管理的原则。全面贯彻"保护为主，抢救第一，合理利用，加强管理"的文物保护工作总方针，将东京陵的文物保护工作"纳入经济和社会发展计划，纳入城乡建设规划，纳入财政预算，纳入体制改革，纳入各级领导责任制"。

（2）文物本体的保护应遵循最小干预、可识别性、可逆性的原则。所采取的保护措施应以防止进一步破坏、延续其生命为主要目标，保护文物的真实性、完整性。

（3）通过制定严格的保护管理要求和具体的保护措施，达到对东京陵文物本体的保护与环境保护、科学与历史研究相结合，专职、专业人员保护与政府保护、民众参与保护相结合的良性循环状态。

（4）以科学的发展观和动态规划观为指导，体现客观科学，突出重点，实事求是，因地制宜，讲求实效，量力而行，分步实施的文物保护原则。

（5）坚持科学、适度、持续、合理的利用原则，统筹协调文物保护与地方经济发展的关系。

（6）保护措施具有针对性与可操作性原则。

10.5.2　规划目标

（1）根据历史文化资源和社会经济发展相协调的原则，遵循历史文化遗产同人文环境资源保护相结合的要求，提倡多学科合作、多样化保护手段，制定东京陵整体布局恢复、文物本体保护、自然环境改善、文物保护与地方社会发展协调、文物展示与地方经济相结合的措施。

（2）贯彻《中华人民共和国文物保护法》等法令与法规，致力于文物保护、管理、利用的法制化，努力创建文物保护与文物展示利用，文物保护与地方经济和社会发展之间的平衡机制，促进历史文化遗产的永续保存与地方经济发展的双赢。

（3）深入揭示东京陵的历史价值和文化内涵，突出、彰显东京陵的资源优势，充分发挥东京陵这一历史文化遗产在现代化建设中的积极作用。

（4）通过科学合理的保护措施和技术手段使东京陵得到切实有效的保护。

（5）对东京陵的历史环境进行保护和适度的修复，通过环境整治和基础设施改造，改善东京陵所在地区的环境质量，提升其文化品位。

（6）充分展示文物完整的文化价值和历史信息，进行文物保护教育。

（7）通过制定明确的管理要求，设置合理的保护管理机构和管理制度，提高文物保护、管理、利用的法制化、合理化、科学化水平，使文物古迹得到有效的保护，尽可能的延续生命。

10.5.3　总体布局

（1）规划思路

本规划以现存整体布局为依据，以保护现存文物为出发点，通过合理划定保护区划，对保护范围内区域采取有效管理手段。结合实际情况，实施对文物建筑和遗存的修缮保护，对文物建筑的妥善保护，对陵内的环境治理保护，对相关环境与自然景观的控制保护，对相关文化遗产的保护等措施，对东京陵进行以文物保护为主，结合文物建筑和相关环境等文化遗存的陵墓文化展示区，规划设计东京陵公园的整体保护。通过文物本体保护，保护区构成要素不同方式的展示和利用，使东京陵成为辽阳市富有文化内涵的可持续发展的独有形态和标志。

（2）规划内容

文物本体保护内容包括：使文物得到保护、维修和加固，能够处于最有利的状态；尽可能减少对文物本体干预，确保文物的真实性、安全性、完整性，提高保护措施的科学性；定期实施日常保养，强调文物保护意识，预防灾害侵袭。

相关环境的保护内容包括：同文物相关的自然地势、植被、村落及耕地的空间关系的保护；逐步改善因为历史原因造成的环境劣化，恢复植被、涵养水土；相关环境的保护还应扩展到背景环境的保护。

文物展示与地方经济、社会发展相协调的工作包括：以保护现存文物古迹、恢复历史景观为出发点，适量搬迁保护区内的居民住户，适度调整保护区划内的用地性质和道路系统；对文物的相关文化和相关环境坚持科学、适度、持续、合理地利用，提倡公众参与、注重普及教育。

文物遗产的利用与管理内容：以保护文物遗产为基础，合理制定文物利用强度；确定展陈体系；制定合理的游客管理体系；确定宣传教育规划；文物遗产的科学研究和管理规划。

10.6　保　护　区　划

（1）辽宁省公布的保护区划

1993 年 4 月，辽宁省人民政府根据《中华人民共和国文物保护法》、《城市规划条例》、《辽宁省关于〈中华人民共和国文物保护法〉实施办法》和《国务

院批转国家建委等部门关于保护我国历史文化名城的请示的通知》 （国发
［1982］26 号）的规定，为加强辽宁省文物保护单位的管理，特划定文物保护单
位的保护范围和建设控制地带，公布辽政发［1993］8 号文件《关于公布一百五
十九处省级以上文物保护单位保护范围和建设控制地带的通知》，其中关于东京
陵的保护范围和建设控制地带的文件内容如下。

保护范围：舒尔哈齐陵墙内及墙外东、南、北各 5 米，西 40 米以内；太子
褚英陵墙内及墙外东、南各 5 米，西 55 米以内；穆尔哈齐陵墙内及墙外东、西、
北各 5 米，南 35 米以内。

建设控制地带：3 座陵园保护范围外 50 米（舒尔哈齐陵西 150 米）以内为
Ⅰ类建设控制地带。

（2）保护范围及管理

保护范围是根据文物保护单位的保护需要，在周围划定不同的保护区域界
限。其范围的大小依据文物的不同类别、规模、位置和环境而定。有的保护单
位，可根据实际情况，在保护范围内，再划分重点保护区和一般保护区。前者确
保文物本体或主体的安全，后者控制附属或相关区域。

在文物保护单位的保护范围内，不得拆除、改建原有古建筑及其附属建筑物；
不得破坏原有文物；不得添建新建筑和进行其他建设工程；不得在建筑物内及其附
近存放易燃、易爆及其他危险品。确因特殊需要必须兴建其他工程，拆除、改建或
迁建原有古建筑及其附属建筑物时，须经省人民政府和国家文物局的同意。

（3）建设控制地带及其类别和管理

建设控制地带是在保护范围外，为保护文物的环境风貌而划出的一定区域，
建设控制地带分 5 类。

Ⅰ类地带：为保护文物环境及景观而设置的非建设地带。此地带内只能进行
绿化和修筑消防车道，不得兴建任何建筑和设施。对现有建筑，应创造条件予以
拆迁。一时难以拆迁的房屋，可以维修利用，当房屋危险必须翻建时，须经省文
物主管部门和城市规划部门批准，翻建时，不得增加建筑面积，不得提高建筑高
度，只能建筑非永久性房屋，形式、色调要和周围环境相协调。

Ⅱ类地带：规划保留平房地带。对这个地带内凡可以保留的平房建筑，应加
强维修，不得改建、添建。不需保留的建筑，应逐步拆除。现有楼房可维持现
状，维修使用。当房屋危险必须翻建时，应改建平房，但不得增加建筑面积，其
建筑设计须经省文物主管部门同意，城市规划部门批准。

Ⅲ类地带：允建高度 9 米以下建筑的地带。这一地带内新建筑的性质、形
式、体量、色调都必须与文物保护单位相协调。其建筑设计须征得省文物主管部
门同意，城市规划部门批准。

Ⅳ类地带：允建高度 18 米以下建筑的地带。这一地带内新建筑的性质、形式、体量、色调都必须与文物保护单位相协调，其建筑设计须征得省文物主管部门同意，城市规划部门批准。

Ⅴ类地带：特殊控制地带。对有特殊价值和特殊要求的文物保护单位周围，以上四类地带难以达到控制要求时，可设此特殊地带，根据具体情况，定出不同的要求，如禁止破坏地形、地貌、植被、道路、水系等。

关于建设控制地带的几点说明：

①在对各类建设控制地带的要求中，允建高度指建筑的最高点，包括电梯间、楼梯间、水箱、附墙、烟囱等。

②在保护范围外未划Ⅰ类建设控制地带或所划Ⅰ类建设控制地带小于防火规范要求距离的文物保护单位周围建房，应按《建筑设计防火规范》要求进行建设，古建筑的耐火等级一律按四级考虑。

③在文物保护单位的各类建设控制地带的交界处，遇有建筑高度需穿插错落时，只能将高度较低的建筑插入允建较高的建筑地带，不能将高度较高的建筑插入允建较低建筑的地带。

（4）环境缓冲区

① 环境缓冲区范围：

环境控制区在建设控制地带外延 50 米。

② 环境缓冲区管理规定：

a. 该区内建设工程都应当与景观相协调，不得建设破坏景观、污染环境、妨碍游览的设施。建设项目按照要求在建设行政部门办理报批程序，在批准前要经文物行政部门同意。

b. 该区建筑限高 12 米，建筑密度不得大于 10%；建筑形象必须符合文物古迹环境要求。

c. 加强绿化，提高植被覆盖率，植被的种植必须考虑景观环境的要求。

d. 在环境缓冲区域内，保护自然山体、水体和环境。禁止开山采石，保护现有山体形态。净化水体水质，禁止直排未经处理达标的污水，禁止随意倒弃垃圾等废弃物。

10.7　保护措施规划

10.7.1　保护对象和原则

（1）保护对象

本规划保护对象为东京陵文物本体及陵园内环境，规划设计东京陵公园进行整体保护。

（2）保护原则

文物建筑本体保护原则：必须原址保护；尽可能减少干预；保护现存实物原状与历史信息；按照保护要求使用保护技术，保留和使用传统材料、传统工艺；保护措施应具备可逆性；所采取的保护措施以延续现状，缓解损伤为主要目标，正确把握审美标准；凡涉及文物本体的保护工程必须严格遵守国家有关保护工程要求，执行"不改变文物原状"、"最小干预"原则；维修保护工程必须确保文物安全，方案必须经国家文物局批准。

陵园内环境治理原则：以保存真实历史信息为核心，注重文物本体和相关环境的整体保护。

10.7.2　保护措施

（1）一般措施

①强化现存文物建筑的日常维护制度及措施，定期对其进行清理和维护。对尚未设置避雷装置的古建筑设置高质量的避雷装置，完善防洪、抗震、消防设施。

②对残损的古建筑进行维修加固，对相对完好的古建筑妥善保护并加强日常养护、展示或保存现状。

③拆除陵园周边保护范围内后人加盖的违章建筑，保护文物本体的整体布局。

④据文物保护和展示的需要，在文物建筑附近设立标志和说明牌，提示游客了解文物价值，提高保护意识。

⑤加强安防能力，更新、完善安防系统，建设防范力强、操作简便、维修方便的现代化安全防范体系。

⑥根据游客参观的干扰程度，设置并完善必要的防护设施，提高对游客不良行为的防范作用，增强文物保护的安全性。

⑦建立东京陵资料档案，使文物的历史文化信息获得最全面、详尽、有效的永久保存，完善文物保护工作。

⑧制定《东京陵保护管理实施条例》。

（2）保护工程

重点维修项目：舒尔哈奇陵内院门、舒尔哈奇墓、褚英墓、穆尔哈奇陵石碑、穆尔哈奇陵正中内院门、穆尔哈奇墓、大尔差墓。如表10.3所示。

表 10.3　重点维修项目一览表

序号	名称	残损程度	维修内容
1	舒尔哈奇陵内院门	屋顶瓦片因杂草丛生破损严重	去除杂草，维修屋顶，补充瓦片
2	舒尔哈奇墓	圆顶裂缝较大，破损严重，台基石块磨损也比较严重	维修圆顶，重新铺设台基石块
3	褚英墓	圆顶局部有裂缝，台基石块磨损比较严重	维修圆顶，重新铺设台基石块
4	穆尔哈奇陵石碑	中间石碑和东侧石碑有风化侵蚀现象	涂刷防风化的有机溶液，保护风化表面
5	穆尔哈奇陵正中内院门	墙面青砖有破损，屋顶瓦片因杂草丛生破损严重	维修墙体，去除杂草，维修屋顶，补充瓦片
6	穆尔哈奇墓	圆顶裂缝较大，破损严重，台基石块磨损也比较严重	维修圆顶，重新铺设台基石块
7	大尔差墓	圆顶局部有裂缝，台基石块磨损比较严重	维修圆顶，重新铺设台基石块

一般维修项目：舒尔哈奇陵山门、舒尔哈奇陵碑亭、舒尔哈奇陵院墙、褚英陵山门、褚英陵院墙、穆尔哈奇陵山门、穆尔哈奇陵西侧和东侧内院门、穆尔哈奇陵院墙。如表 10.4 所示。

表 10.4　一般维修项目一览表

序号	名称	残损程度	维修内容
1	舒尔哈奇陵山门	屋顶瓦片略有剥落	维修屋顶，补充瓦片
2	舒尔哈奇陵碑亭	彩画局部油彩剥落	依照原样式补充油彩
3	舒尔哈奇陵院墙	局部青砖有剥落	维修墙体
4	褚英陵山门	屋顶瓦片略有剥落	维修屋顶，补充瓦片
5	褚英陵院墙	局部灰瓦有剥落	维修墙体
6	穆尔哈奇陵山门	门框油漆略有剥落	依照原样式补充门框油漆
7	穆尔哈奇陵西侧和东侧内院门	局部灰瓦有剥落，门两侧抱鼓石有风化侵蚀现象	维修屋顶，补充瓦片，抱鼓石涂刷防风化的有机溶液，保护风化表面
8	穆尔哈奇陵院墙	墙体局部有裂缝，青砖有剥落	维修墙体

10.7.3　陵园内环境治理措施

（1）整治陵园内非文物建筑

东京陵 3 座陵园内没有非文物建筑需要整治。

（2）治理陵园内的环境景观

东京陵 3 座陵园内的松树和其他绿色植被与陵墓气氛比较符合。但穆尔哈奇陵竖立石碑的一进院落内地面杂草较多，需要清理，重新种植绿色植被。

（3）完善基础设施

陵园内道路按原有式样进行维修，保留原有的道路格局。

10.8　环　境　规　划

10.8.1　环境规划原则

环境保护与文物本体保护相结合，达到文物本体同周围环境风貌所形成景观的协调统一；环境保护与生态环境建设并举，生态建设应为文物建筑保护服务；污染防治与生态环境保护并重；统筹兼顾，综合决策，合理利用。

10.8.2　环境规划策略

保护对象：与东京陵相关的环境因素，包括生态环境、历史环境、环境景观与环境质量。

规划目标：维护生态环境，保护历史环境，改善文物建筑景观，保护环境质量，控制环境容量。

环境保护工程应消除规划范围内的一切不和谐因素；应尽可能与生态保护、环境保护措施相结合；应以历史环境或地理特色为依据，避免景观设计城市园林化。

10.8.3　环境治理措施

本规划制定环境治理模式包括保留、搬迁、拆除、改造 4 种。

（1）保护范围环境治理（除陵墓内的）

①东京陵陵园区应保留现状，并增加一圈保护栅栏（距文物遗迹 5 米处）。迁埋保护范围内的电线电缆；禁止在保护范围内设置商业广告牌。

②搬迁东京陵村居民区，将居民社会用地调整为文物绿化用地，对其进行植物绿化，将此处建设成东京陵公园，恢复历史环境。目前，东京陵村居民住户分

布于东京陵北侧、南部和东侧。结合新农村建设规划，将居民区向陵墓区西向或东向搬迁，并控制东京陵村的发展规模。

③拆除褚英陵围墙北侧自来水机井和褚英陵门前南侧公厕。

④搬迁东京陵村的小型工厂，避免造成周边环境的污染。

⑤改造东京陵公园规划范围外 500 米以内的民居建筑。

（2）建设控制地带环境与环境缓冲区的治理

建设控制地带、环境缓冲区是东京陵的背景环境，对陵墓的衬景作用十分重大。

①控制东京陵村的规模，保存现有居民数量和居住用地；东京陵村在新农村建设规划实施后，应严格控制居住用地。建设控制地带的公共设施（如乡政府、派出所、学校等）应保持现有规模，避免建设超过规定高度的建筑物，在设计时应考虑与环境的协调。

②应以美化环境为建设控制地带的主要整治目标。应按照建设新农村的标准对东京陵村的公共设施进行改造，垃圾有集中的回收站，污水应采用暗沟排放等，营造文明的生活生产环境。

③禁止在建设控制地带建设工矿，停止地质破坏的爆破采石等活动，保持现有的地质地貌。

④逐步改造建设控制地带内现有构筑物，与所处环境氛围协调；新增构筑物风格、体量、密度、色彩等要素需与环境相协调。科学补充山林植被，其规模、体量、风格必须符合文物展示区的环境要求。建设控制地带内不得进行城市大型基建项目建设。建设控制地带内的旅游开发项目不得对地形地貌造成破坏。

⑤为防止噪音污染，铁路、公路和机动车道两侧应种植能吸纳噪音的树木。建设工程应避开视通廊，不能破坏保护区的历史风貌，工程设计方案需经国家文物局同意后，报地方文物主管部门和城乡建设规划部门备案。将地区生态植被特点考虑在内，科学补充山林植被。

⑥注重景观生态建设，兼顾旅游的功能建设。保持现有生态环境，在有利于文物保护的前提下，以自然生态系统的保护为主。

⑦清除区域内有碍环境观瞻的商业广告。

10.8.4　历史环境恢复规划

（1）历史环境研究

对东京陵文物本体和规划设计的东京陵公园及周边环境进行专项研究。

（2）历史环境保护

保持陵墓建筑植被与景观特色，清除且不得再引入非历史的外来植被品种。

根据历史环境研究成果制定详细规划，逐渐恢复东京陵文物本体和规划设计的东京陵公园的历史景观。

阳鲁山等自然景观，应保护现有的状况，严禁再遭破坏，逐步恢复历史景观状况。

10.8.5　环境景观整治规划

（1）环境景观整治内容

包括整治保护范围、建设控制地带、环境缓冲区内的所有不符合文物文化价值的不和谐景观和因素。

（2）环境景观保护手段

清除保护范围与建设控制地带内不符合文物价值的不和谐景观与因素。拆除陵区内无功能要求的非文物建筑；迁移陵区内与景观风貌不协调的文物保护设施；整饬陵区内与景观风貌不协调的非文物建筑。凡在陵区内进行建筑物、构筑物和绿化、道路、小品等景观设计，其形象必须符合文物建筑的文化价值。即：在满足文物建筑的历史性、场所性、地方性的前提下，开展功能与造型设计。所有新建管理、服务、展示等设施的构筑物风格、体量、色彩等要素需与文物本体相协调。

根据文物建筑保护要求与环境资源类型特征，遏制人为破坏，保护水资源，保持山形水系、地质地貌的完整性，维持生物多样性。

（3）建筑景观治理

适用于规划中非文物建筑。治理模式为：拆除、迁建、改造、保留。

①拆除

适用范围：规划范围中无功能要求的非文物建筑。

措施要求：原址拆除，不得重建。

实施目标：舒尔哈奇陵门前饭店；褚英陵围墙北侧自来水机井；褚英陵门前南侧公厕等。

②迁建

适用范围：规划范围中非文物的工业建筑、与环境不协调的建筑。

措施要求：原址拆除、择址重建。

实施目标：东京陵村的小型工厂、舒尔哈奇陵门前铁路和南侧的基督教堂、舒尔哈奇陵南侧厂房、工人路西侧工厂厂房、舒尔哈奇陵门前停车场、舒尔哈奇陵门前广播塔、穆尔哈奇陵北侧围墙外的二层民居等。

③改造

适用范围：规划范围内与环境不协调的非文物建筑。

措施要求：按照当地传统建筑特色和保护范围、建设控制地带管理要求进行改造。

实施目标：东京陵公园规划范围外 500 米以内的民居建筑、工人路东侧居住区。

④保留

适用范围：符合规划功能要求、景观效果和谐的非文物建筑。

措施要求：保留现状、保护、利用。

实施目标：建设控制地带与环境缓冲区的民居、民用公共设施等。

（4）环境景观治理

适用于规划范围中的非文物的自然和人工的环境要素，包含：植被、绿化、道路、桥梁等。整理模式为：保留、整修、清除、新增。

①保留

适用范围：符合保护规划景观和谐要求的自然与人为环境。

措施要求：保留现状、继续使用与保护。

实施目标：东京陵内的柏林、松树和绿化带、草坪、非文物的青石路面；保护范围内的树林、农田、砂石路；建筑控制地带内的林带、农田、道路。

②整修

适用范围：局部不符合规划景观要求的非文物的自然与人为环境要素。

措施要求：按照历史形貌、传统工艺、传统材料进行修复。

实施目标：舒尔哈奇陵外北侧环境、舒尔哈奇陵与褚英陵围墙中间环境、穆尔哈齐陵东侧围墙外环境和陵门前南侧环境，保护范围内的水泥路、柏油路。

③清除

适用范围：不符合保护规划景观和谐要求、破坏文物本体的自然与人为环境。

措施要求：就地清除、清理。

实施目标：保护范围内的广告牌、建筑垃圾。

④新增

适用范围：根据保护规划需要新增加的景观和绿化。

措施要求：按符合环境的要求新增。

实施目标：舒尔哈奇陵和穆尔哈齐陵补种柏树；符合陵墓环境的植被和绿化；保护范围内和建设控制地带的绿化。建议在环境缓冲区加大植被覆盖率。

10.8.6　环卫规划

规划保护范围内的生活垃圾管理和无害化系统参照旅游风景城市的标准

执行。

在保护范围和建设控制地带内不得设置垃圾填埋场和垃圾转运站；陵区内设置垃圾收集容器（垃圾箱），每一收集容器（垃圾箱）的服务半径为 50～80 米；陵区内旅游垃圾的清运和处理纳入村镇垃圾处理系统，保护区村镇的生活垃圾、建筑垃圾的清运率要求达到 100%，垃圾管理和无害化处理系统参照《村镇规划标准》（2003 年送审稿）中"环境卫生规划"条款要求执行。

加强公厕等环境卫生的基础建设，游客便溺处理按照《城市公共厕所卫生标准》（GB/T17217—1998）和《城市公共厕所规划和设计标准》（CJJ14—2005）的有关规定执行。

保护范围内的管理人员生活污水与游客服务污水排放量按照总用水的 80% 计。规划要求：保护范围内排水系统必须实施雨污分流，地表径流雨水以明沟方式为主，排至河内，所有污水经由地下管网通至污水池，按照国家标准进行污水处理。

10.8.7　管理规划

（1）管理目标

完善管理机构，加强科学管理，保障文化遗产的延续性。

（2）管理机构设置

根据管理机构职能要求和规划评估结论，东京陵在文物保护管理工作方面，应该有专业的管理部门进行管理。

管理部门应组织成立东京陵文物保护小组，加强考古、历史研究等学术研究力量，从事东京陵内一切文物古迹的保护研究工作。东京陵文物保护小组首先应监控、检测文物本体的变化，主持文物建筑的日常维护工作，配合维修部门完成文物建筑的一般维修以及重点维修。其次，应负责加强文保知识宣传，鼓励、引导地方居民积极参与文物保护协助工作。最后，应负责东京陵文物档案的收集和整理工作。

（3）管理规章

制定东京陵文物建筑保护相关的管理规章制度。

（4）法律管理措施

贯彻《中华人民共和国文物保护法》，尽快使东京陵保护规划列入辽阳市社会发展总体规划中。

（5）技术管理措施

①聘请文物保护等方面的专家，为规划具体的保护技术方案提供咨询。

②详细制定各项保护工作的技术设计、实施方案以及科研课题计划，并建立

论证和审议的制度。

③加强东京陵的文物建筑史料的收集和整理。

④继续组织东京陵文物建筑及相关学术问题的研究，开展学术交流，深化文物建筑、环境文化价值研究。

10.9　展　示　规　划

10.9.1　展示利用原则和目标

展示利用原则：在满足文物保护要求的前提下，充分展示东京陵的历史文化内涵与价值；坚持科学、适度、持续、合理地利用；坚持以社会效益为主，促进社会效益与经济效益协调发展；注重环境优化，为游客接待和优质服务提供便利，配套设施应与环境氛围协调；提倡公众参与，注重文物普及教育；文物展示应结合地方实际，适度合理使用土地。

展示利用目标：通过对东京陵的整体展示，充分地展示清代早期陵墓文化的人文、历史价值；通过展示和利用，可促进对东京陵文物的保护、研究工作；展示文物本体的同时，改善周边环境。强调生态环境的恢复，改变因历史环境的破坏而对文物本体所造成的威胁，突出文物本体的历史感和原生环境特色。

10.9.2　文物本体利用强度控制对策

（1）文物本体承载力研究

①文物本体承载力是指文物本体对影响因素和干预行为的容纳、支持能力阈值，是涉及文物本体保护力度、利用强度的重要依据，也是确定有关游客服务设施规模的决定性因素。

②鉴于文物本体的脆弱性和不可再生性，文物本体管理部门须配合保护部门，开展文物本体承载力研究，为文物本体利用方式、游客容量限定、服务设施建设规模控制提供科学依据。

③制定游客容量控制详细规划，确保东京陵利用压力的合理性。

④在规划游客容量控制值实施过程中应继续监测，并根据监测结果作进一步调整，直至满足有效保护和合理利用的双重要求。

（2）环境利用强度控制对策

①利用方式应以文物保护和展示为目的，不得利用文物进行牟利开发。

②加强综合展陈，将多媒体、资料说明等多种展陈方式相结合，为游客提供文物信息的全方位介绍，提升文物历史文化信息传播效率，压缩游客在文物现场

的逗留时间，减缓文物保护压力。综合展陈内容包括多媒体、资料展示与说明、解说与咨询服务系统、公众参与系统。

③按照国际标准为游客提供多功能服务（咨询、寄存、多语种服务和语音服务），以及团队接待、购物（旅游纪念品、文物宣传品）、电话设施、公共厕所、交通情况等服务。

10.9.3　展陈主题与内容

（1）展陈主题

以保护范围内东京陵整体实物展示为核心，以建设控制地带和部分环境缓冲区规划设计东京陵公园，达到文物建筑、碑刻、历史环境、地形地貌为一体，展示东京陵历史、文化、人文以及建筑、艺术等内容的主题。

（2）展陈内容

①东京陵现存文物本体实物展示。

②东京陵公园历史环境风貌的展示。

③相关文化遗产：现存的文史资料、建筑构件、碑刻、工艺等的展示。

④历史信息和文化内涵：历史文化发展史、陵墓建造史等的展示。

（3）展陈分区

东京陵公园规划依据不同的展陈题材，设定下列4个主要展陈区。

舒尔哈齐陵园和褚英陵园展示区：展示以清朝前期陵寝制度、建筑艺术、碑刻艺术、环境文化为主（主要展区）。展陈题材包含舒尔哈齐陵和褚英陵所有建筑实物。

穆尔哈齐陵园展示区：展示以清朝前期陵寝制度、碑刻艺术、东京陵历史发展为主（主要展区）。展陈题材包含穆尔哈齐陵所有建筑实物。

展示馆展示区：展示以现存的文史资料为主。展陈题材包含东京陵时期的历史资料、服饰、民俗、工艺等。

前清陵寝文化展廊展示区：展示以清朝前期所建陵寝的历史脉络为主。展陈题材包含永陵、福陵、昭陵的历史资料及图片等。

（4）界标、标志及说明牌

①对于需要保护的文物，界标、标志及说明牌是十分重要的保护措施，也是使人们认识这些文物文化内涵的重要方法。

②依据规划划定的区域，分地段选择适当的位置树立保护范围和建设控制地带界桩。

③设置标志和说明牌。在每座文物建筑和附属文物附近，选择明显位置设置标志和说明牌。于展示路线的路口处设置统一的文物标识、标志，对展示中的指

示和引导有着重要作用。

④标志牌、说明牌应采用中、日、英三种文字对照。

10.9.4　交通组织

（1）规划要求

①游客的交通组织可根据展陈结构和游客量进行组合设计。

②以现有道路为基础，改善路面质量。

③局部修建新路段，沟通各展示点的便捷路线。

④有利于和市政道路系统规划的衔接。

（2）展示区之间路线

东京陵公园内部展示区的区间以步行为主，游客主要集散地设置于东京陵西侧停车场，与游客步行线路衔接。在公园外圈增加消防环线。

（3）展示区内展示路线

①主要展示区内交通皆为步行。

②东京陵文物保护区的道路规划以传统、简洁为原则，合理利用地形，因地制宜选线，同景观和环境相协调。

一级游步道：规划以陵区中轴线道路为一级游步道。一级游步道为青石板老路，保存良好的继续使用，对破损严重者进行维修和补充。

二级游步道：陵区内除中轴线的一级游步道以外的道路均为二级游步道。二级游步道材料为青石板和青砖。尽量利用原线路和原青石板，对破损严重者进行维修和补充。文物古迹的片石片瓦都带有历史的沧桑和古朴，杜绝全部换新的行为。

（4）停车场

在东京陵公园正门建设停车场（面积约 1500 平方米）。

（5）主要展示路线

停车场—公园正门—舒尔哈齐陵—褚英陵—展示馆（树池休息）—前清陵寝文化展廊（休息座椅）—穆尔哈齐陵—游客服务中心—公园侧门。

10.9.5　游客管理

（1）游客管理原则

①游客参观活动对文物本体保存造成的干扰或危害应尽可能控制在最低限。

②游客数量必须严格按照游客承载量的测定数据与监测反馈实施管理控制与调整。

③游客参观活动不得对文物本体的文化价值造成破坏或产生不良影响。

④注重环境优化，向游客提供优质的服务。

（2）游客容量控制

①游客容量限定：根据文物建筑承载力研究结果确定游客容量控制值，实施游客容量控制。按东京陵陵区面积控制游客数量（80平方米/人），一次性可容纳42人；公园一次性可容纳712人。

②游客容量调控：依据游客管理监测结果，根据文物建筑的保护有效性和利用合理性要求，对游客容量进行动态调整，调整应按《文物保护单位保护规划编制审批办法》相关规定进行，调节、疏导集中季节、集中时段的游客流量，从而消除因游客过多、缺乏管理而造成的对文物和环境的破坏。

（3）游客管理措施

①编制游客《参观指南》。《参观指南》应讲解游客行为管理要求，规范游客参观行为，降低对文物建筑的干扰程度。

②关注游客需求。设立游客满意度问卷调查，及时满足游客服务需求，随时提高服务内容与质量。

③完善服务设施。设计和配置优质、完善、便利的游客服务设施，整体提高游客服务水平；游客参观路线要求采用国际标识系统；服务设施全部按照无障碍标准设计，包括完善残疾人通道，为老人或行动不便者提供轮椅或专门服务。

④提高管理水平。由直接涉及游客管理的部门负责人或主要参与人员提出游客服务中所面临的具体问题，进而针对现存问题提出前景目标，据此制定东京陵的游客管理对策、具体措施与工作计划；提高服务人员的综合素质和能力，建立并实行服务人员督导制；设立游客安全监测与紧急救助系统。

⑤实施信息监测。监测游客问卷调查的落实结果，监测年、日、时段游客量，监测游客安全状况。

10.9.6　宣传教育

（1）宣传教育规划目标

在科学保护的前提下，通过宣传教育，充分发挥东京陵的教育、科学和文化、宣传作用，普及与东京陵保护相关的法律法规和知识、文化价值，提高公众的文物保护意识。

（2）加强宣传力度

建立完善的东京陵网站，加强国内及世界范围的传播能力；充分运用媒体等各种宣传教育手段；编制不同领域、不同读者、不同题材的各种宣传品，如介绍东京陵文化艺术、价值的通俗读物、光盘及其他电子出版物等。

（3）推动协调发展

广泛动员社会关心并支持东京陵保护工作，充分发挥新闻媒体和群众监督作用，增强人民群众对东京陵保护的意识，努力形成全社会关心、爱护并参与东京陵保护的风气，把东京陵的保护工作置于全社会的监督和支持之下；采用不同形式对当地中小学生进行东京陵文物价值及保护意义的宣传，增强青少年文物保护意识；通过积极的宣传教育，不断提高东京陵的社会效益和经济效益，推动当地经济社会的全面、协调和可持续发展。

10.10　管理与服务设施建设规划

10.10.1　服务管理设施建设原则

所有用于服务管理的建筑物、构筑物必须在不影响文物原状、不破坏历史环境的前提下进行建设。

服务设施在外形设计上要尽可能简洁，淡化形象，缩小体量；材料选择既要与文物遗存本体有可识别性、又须与环境和谐，并尽可能具备可逆性。

保护范围内建设的各类管网与电线电缆，不得有碍景观和危及文物遗迹安全，应采用地埋方式。

10.10.2　服务管理设施分布

（1）服务管理设施分布位置

①在公园正门设置售票处。

②在展示馆和游客服务中心两处设置公共卫生间，每处面积 30 平方米。

③在建设控制地带内公园南侧建设展示馆、管理区、游客服务中心及办公区。

（2）服务管理设施的建设要求

必须满足文物保护的安全性要求；尽可能满足文物所在地环境和谐性要求；必须严格控制新建工程的建设规模，体量宜小不宜大；改造的工程不得扩大建筑面积，要与环境和文物本体相协调。

（3）展示馆

展示馆位于建设控制区的公园南侧。主要功能为文物陈列和办公管理两部分，占地面积约 1200 平方米。展示馆为收藏、展示、研究与东京陵相关的文物及各种资料的中心，主要展示东京陵的历史、价值及流散文物、出土文物等。

（4）游客服务中心

游客服务中心在展示馆东侧，设置有咨询、医疗、小卖部、快餐部、治安、休闲等功能。面积 1100 平方米左右。

（5）道路规划

①东京陵外部现状道路主要有：东京陵西沈营公路、南庆阳街、东工人路。

②围绕东京陵院墙外设外圈消防环线，与城市消防路线衔接，在原管理用大门处可进入墓区。

③保护范围（除墓区）保持现有的道路体系，路面改用砂石。

（6）供水与消防系统规划

①供水系统：东京陵村居民在此生活，居民用水已与市政供水系统相连接。市政供水可为东京陵公园提供旅游生活用水、绿化用水及消防用水。

②消防系统：东京陵公园的消防通道同城市干道连接，并形成环道。在供水系统中考虑消防用水，东京陵公园内按规定配备灭火器、消防斧、消防水桶等器材。东京陵公园内应设立火灾自动报警系统，由控制室统一监控。

（7）排水系统规划

东京陵村目前尚未设置排水系统，雨水沿地形、地势自然排入地表径流。

东京陵公园的排水体制采用雨污分流制。在中轴线的道路两侧设排水暗沟，雨水经地面收集到暗沟，可作为公园内景观植被的灌溉用水。污水可与市政排水系统相连。

（8）供电系统规划

东京陵公园内应设有专用配电房，配电房应设于较隐蔽处。

（9）通信系统规划

在东京陵公园的办公管理区设置固定电话，在东京陵公园的两个入口广场设置 IC 卡公用电话。

（10）智能监控系统规划

在东京陵公园内，根据文物的分布情况，在文物的重点区域设置监控点。于文物本体处、主要出入口处等选择合适位置设置安防摄像头进行监控，在管理办公区设置监控室和总控制室。采用监控点、监控室、总控制室相结合的方式，保证保护区内文物本体及环境处于安防可控制范围内，确保文物及环境的安全。

10.11　分期实施规划

10.11.1　规划分期

（1）分期依据

国家文物保护工作方针；国家历史文化遗产保护领域中长期科技战略发展规

划；国家文化遗产保护事业"十一五"规划；地区经济与社会发展规划及各相关专业规划；国家经济计划管理规划。

（2）分期内容

东京陵的各类保护利用规划工程与措施大致可分为 6 类。

前期研究：包括调研立项与可行性研究等项目。

保护工程：文物本体维修、保养，碑刻保护等项目。

展示工程：游客展示服务设施。

环境整治：包括建筑物、构筑物、绿化植被、环境景观整治等项目。

基础设施：包括水、电等基础设施项目。

学术研究：包括课题计划、人才培养、出版计划等项目。

其他相关规划与配套建设工程等。

（3）规划分期

按照保护规划的分期，将实施目标分为近、中、远三期。

近期：2013～2015 年，两年。

中期：2016～2021 年，五年。

远期：2022～2027 年，五年。

10.11.2　实施重点

（1）近期实施重点

东京陵内文物建筑的维护、修复；监控及服务设施的建立；周边环境的治理。

（2）中期实施重点

东京陵村部分居民的搬迁，违章建筑的拆除；修建陵外道路；修建东京陵公园。

（3）远期实施重点

建设控制地带和环境缓冲区内的环境整治、规范管理。

（4）贯穿规划期限内实施重点

信息采集，文物建筑日常保养，文物本体安全监测，实施东京陵文化学术研究和出版、宣传计划。

因篇幅限制，本书只展示少数东京陵保护规划图纸（001 地理区位图，027 东京陵规划总平面图，028 保护区划图，035 东京陵公园规划平面图），详请阅读《辽宁前清建筑遗产区域保护》（王肖宇，2015），书中有详细图纸。

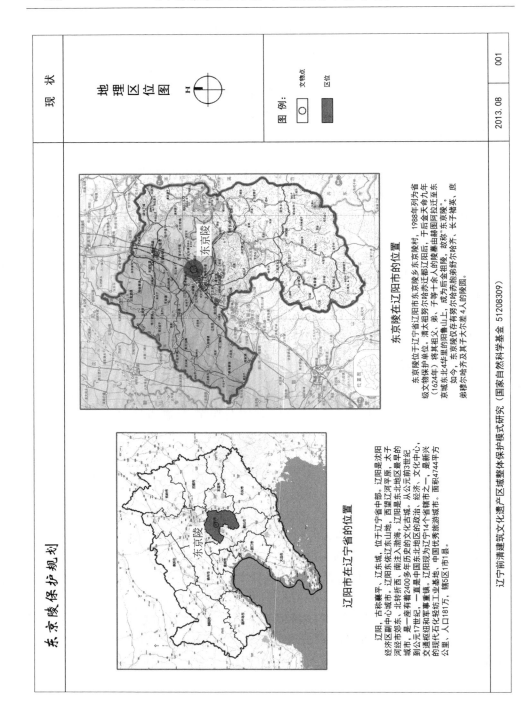

东京陵保护规划

现　状

地理区位图

图例：
○ 文物点
▓ 区位

001

2013.08

东京陵在辽阳市的位置

东京陵位于辽宁省辽阳市东京陵乡东京陵村，1988年列为省级文物保护单位。清太祖努尔哈赤迁都辽阳后，于后金天命九年（1624年）将其祖父、弟、子等十余人的陵墓由赫图阿拉迁至东京城，东北45里的阳鲁山上，成为后金祖陵，故称"东京陵"。如今，东京陵仅存有努尔哈赤弟胞弟舒尔哈赤、长子褚英、庶弟穆尔哈齐及其子大尔差4人的陵园。

辽阳市在辽宁省的位置

辽阳，古称襄平、辽东城，位于辽宁省中部，辽阳是沈阳经济区副中心城市，辽阳东依辽东山地，西望辽河平原，太子河经市郊东，北转折西，南注入渤海。辽阳是东北地区最早的城市，是一座有着2400多年历史的文化古城。从公元前3世纪到公元17世纪，一直是中国东北边疆地区的政治、经济、文化中心、交通枢纽和军事重镇。辽阳现为辽宁14个省辖市之一，是新兴的现代化石化轻纺工业基地，中国优秀旅游城市。面积4744平方公里，人口181万，辖5区1市1县。

辽宁前清建筑文化遗产区域整体保护模式研究（国家自然科学基金 51208309）

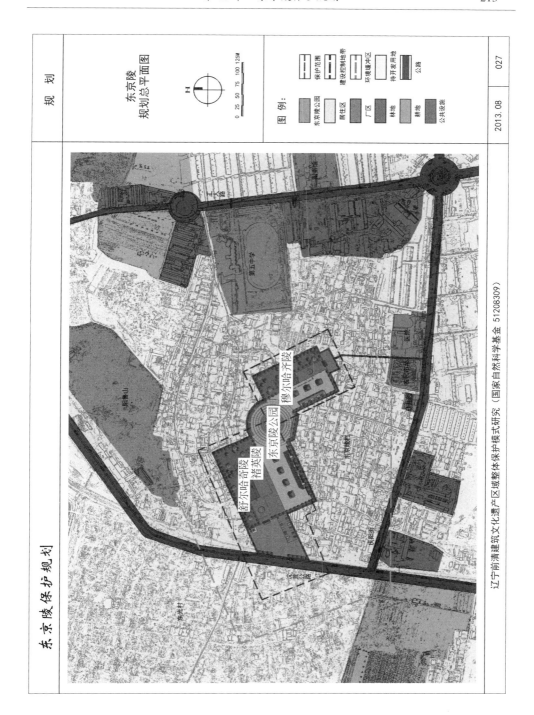

东京陵保护规划

规　划

东京陵
规划总平面图

图例：

东京陵公园　　保护范围
居住区　　建设控制地带
厂区　　环境缓冲区
林地　　待开发用地
耕地　　公路
公共设施

0 25 50 75 100 125M

027

2013.08

辽宁前清建筑文化遗产区域整体保护模式研究（国家自然科学基金 51208309）

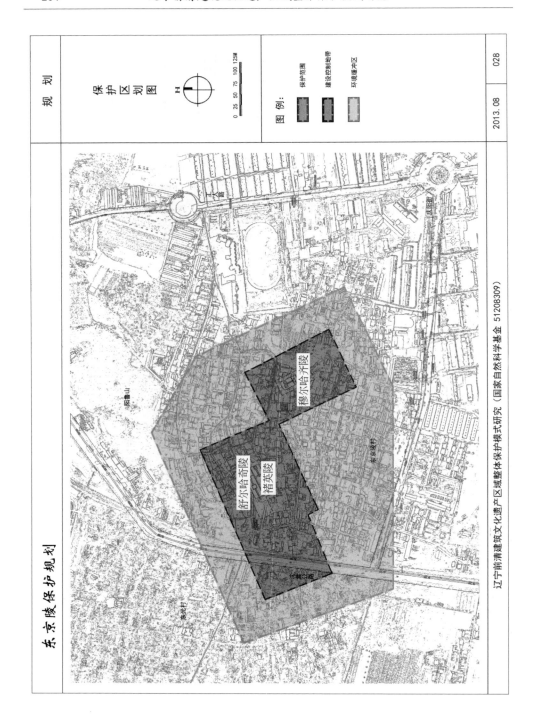

辽宁前清建筑文化遗产区域整体保护模式研究（国家自然科学基金 51208309）

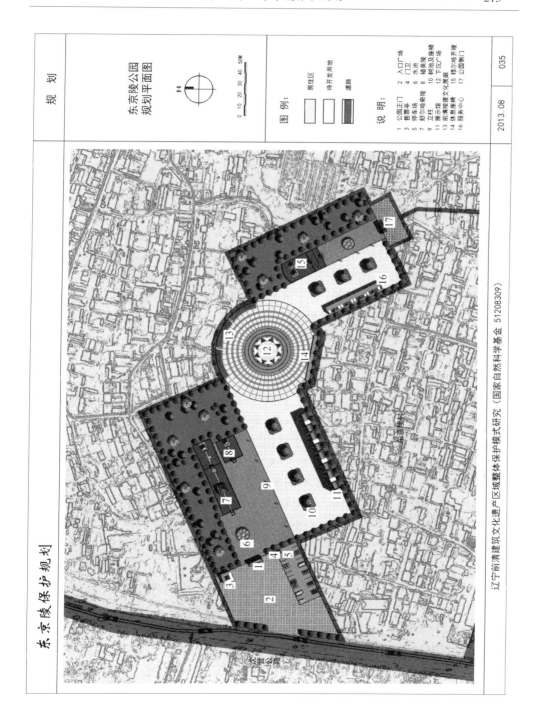

东京陵保护规划

规　划

东京陵公园
规划平面图

图例：

说明：
1 公园正门
2 售票亭
3 停车场
4 舒尔哈齐陵
5 立柱
6 水池
7 展示馆
8 墓英陵
9 前清陵遗文化展廊
10 树池及座椅
11 休憩座椅
12 下瓦广场
13 服务中心
14 穆尔哈齐陵
15 穆尔哈齐陵
16 服务中心
17 公园侧门

入口广场
门卫

居住区
待开发用地
道路

辽宁前清建筑文化遗产区域整体保护模式研究（国家自然科学基金 51208309）

2013.08　　035

第 11 章　舒尔哈奇陵文物修缮

11.1　历史背景及概况

　　舒尔哈奇陵遗址位于辽宁省辽阳市太子河区东京陵乡东京陵村，在辽阳老城东太子河右岸的阳鲁山上，是东京陵 3 座陵园中的 1 座。

　　后金天命六年（1621 年，明天启元年），努尔哈赤攻占沈阳、辽阳等辽东七十余城，把都城迁至辽阳（今辽阳太子河东新城），天命九年（1624 年）建东京陵。努尔哈赤命族弟铎弼等从祖茔赫图阿拉（今新宾）将景祖（祖父觉昌安）、显祖（父塔克世）、孝慈皇后及继妃富察氏、皇伯、皇叔、皇弟、皇子等诸墓迁葬于此。当灵榇将至时，清太祖努尔哈尔赤率诸贝勒、大臣，出城 20 里迎至今辽阳市灯塔县的皇华亭，并命都督汪善守墓。28 年后，顺治八年（1651 年），又将景祖、显祖和皇伯礼敦、皇叔塔察篇古等墓，迁回新宾永陵，孝慈皇后及富察氏改葬沈阳福陵，封阳鲁山为吉庆山。

　　舒尔哈奇陵是一处还没有引起人们广泛注意的前清关外陵墓，从营建至今已有三百余年的历史，它不仅在清朝政权发展史上具有十分重要的意义，也是研究前清历史的重要遗迹。舒尔哈奇陵于新中国成立前因年久失修而"垣墙颓败，荆棘丛生"，面目全非。新中国成立后，人民政府为保护这些历史遗迹，将其定为辽阳市市级文物保护对象，1988 年列为辽宁省重点文物保护单位。多年来经省市多次拨款维修，已整旧如新，但是局部仍有破损。通过对舒尔哈奇陵现存建筑进行详细勘察和测量，查阅舒尔哈奇陵相关的资料，对现存的建筑拟定了维修原则和修缮方案。

11.2　陵园布局与单体建筑形制

　　舒尔哈齐陵园呈长方形，东西长 82 米，南北宽 19.8 米，面向东南，即"面坤（东南）背艮（西北）"，共两进院落，前为碑院，后为坟院，四周有丈余高的围墙。前有陵门一间，两级石阶，门为硬山式，青砖布瓦，大脊及螭吻兽头等饰件亦用青素。拱形券门，下碱及券脸均为石砌成，下碱雕饰象驮宝瓶等吉祥图案。木门两扇，上涂朱漆。围墙亦为石座，青砖墙身，墙顶覆盖素瓦。门两侧看墙刻有二龙戏珠图案。碑亭位居院内正中，单檐四角亭式建筑，青砖布瓦素色饰件。四面有券门，亭内彩绘天花藻井，碑全称为顺治十一年"庄达尔汉巴图鲁庄亲王碑"，高三米有余，宽 124 厘米，厚 42 厘米，碑文满汉合璧。碑身四周有二龙戏珠纹。碑石呈乳白色，石质坚硬而细腻，当地人称此石"臭玉"。碑亭为光绪年钦派山西后补同知文光监修。碑亭之后有墙及门与坟院相隔，门两侧下城部位刻有四言诗，并雕有松，鹿等图案。坟院有丘冢一座，高约三米，圆柱形，圆顶，以石灰抹光，下有石砌台基。从陵门至坟丘有石铺"神道"。此陵除碑亭及碑尚属华美，其他均十分简单朴素。

11.3　保存现状

舒尔哈齐陵整体保存完好，经过省市多次的拨款，已经整旧如新，但由于自然和人为因素，陵园建筑的局部略有破损，部分文物建筑被破坏程度比较严重。

（1）山门

山门前有两级台阶，由于地面沉降砌筑台阶的部分条石已经开裂，条石的缝隙中长满杂草，杂草的生长使得条石继续被碎化蚕食。山门的门框为朱红油漆，由于风吹雨淋油漆略有剥落。山门硬山式屋顶杂草丛生，使得部分筒瓦和勾头剥落。

（2）碑亭

砌筑碑亭台基的条石之间的砌缝较大，碑亭内的石碑有风化侵蚀现象，碑亭额枋上的和玺彩画略有剥落，枋上斗拱的彩画剥落严重。单檐四角屋顶上杂草丛生使得屋瓦破坏严重。

（3）内院门

内院门硬山屋顶的筒瓦因杂草丛生破损严重，檐口下的掛落边侧有破损。

（4）墓丘

台基石块磨损比较严重，墓丘圆顶裂缝较大，裂缝中生长的杂草使得裂缝开裂加剧。

（5）院墙

院墙的屋顶局部灰瓦有剥落，院墙墙体局部有裂缝，局部青砖有剥落。

11.4　价值评估

（1）历史价值

①满族有"敬天法祖"的传统，特别是对先人的祖墓尤为诚敬。因此努尔哈赤在夺取全辽之后，便择地东京城北阳鲁山为祖陵风水宝地，启建陵寝。东京

陵原是清陵规模最大的墓园，但东京陵建成后经过两次迁出，从此降为由诸王自行管理的私属陵园。东京陵记录了清朝前期没有埋葬皇帝的皇家陵园特色。

②舒尔哈齐陵所保留的遗存真实地展示了努尔哈赤当年在辽沈地区的活动史实和历史环境，是清朝前期修建陵园的历史见证和标志。

③舒尔哈齐陵的建筑本身代表了同时期具地方特点的陵寝建筑特色，体现了当时满族的生产、生活方式以及风俗习惯，具有较高的历史和文化研究价值。

（2）艺术价值

①舒尔哈齐陵规模较小，只有山门、碑亭等建筑，但是在建筑布局和建筑艺术上，舒尔哈齐陵具有浓厚的地方色彩和独特的民族风格。

②舒尔哈齐陵共两进院落，前为碑院，后为坟院。除碑亭及碑尚属华美，其他均十分简单朴素，体现了前清时期陵寝的建筑艺术特点。

（3）社会价值

舒尔哈齐陵是辽宁省文化厅1988年公布的辽宁省重点文物保护单位。由于舒尔哈齐陵可以作为研究前清努尔哈赤时期修建陵寝的重要建筑文化遗产，应该得到足够的重视。另外，舒尔哈齐陵可以作为我国历史文化遗产资源重要的宣传场所，其影响和发展也成为当地社会文化发展的重要主题之一。

（4）管理现状评估

①舒尔哈齐陵现由辽阳市太子河区东京陵乡东京陵村管理。

②舒尔哈齐陵地处偏远，由当地村内人员负责日常看管工作，没有成立文物保护小组，没有确定文物保护员，没有人员负责文物保护及文物法规宣传，也没有制定一些相关管理规章。

③文物档案不齐备，可查阅资料较少。

④东京陵相关管理部门针对舒尔哈齐陵采取了一定的保护措施，包括部分古建筑的维修加固、标志牌、说明牌、保护碑的设置等，收到一定的保护效果。

（5）现状评估

舒尔哈齐陵的部分文物建筑虽然经过修缮，但不存在人为干预造成的"改变文物原状"的现象，陵园整体基本保持原貌，布局完整，真实性和完整性较好。

11.5　残破原因分析

自然侵害表现在遗产地属于内陆地区，风化侵蚀文物建筑现象严重。人为侵害主要为两方面：一是参观游览人群对文物建筑的保护意识不强，造成局部完整性的破坏；二是陵园文物建筑周边改建、扩建的建筑与文物建筑所处环境的不协调，需要整治。

11.6　维修原则

文物建筑的修缮，要保持原来的建筑形制，包括原来建筑的平面布局、造型、结构特征和艺术风格等。对文物建筑进行修缮，采用维修、加固和日常性的维护保养措施，预防自然与人为的侵蚀和损害。修缮中要采用清代前期陵墓建筑的建造、修缮工艺与材料制作工艺，包括砖瓦、脊饰和彩饰等形式。对侵占的保护范围内的后建建筑予以拆除、清理，修复后建建筑占压的围墙，完善整体围合，保护其完整性；对在以往的不当修缮中铺设的水泥地面予以铲除；疏通、修缮院内排水沟，减少雨水和潮湿空气对建筑带来的侵害。

11.7　修缮方案

（1）依据《中华人民共和国文物保护法》、《辽宁省文物保护管理条例》、现状勘察及评估结论。

（2）修缮性质

总体修缮工程采用维修，加固和日常的维护保养。

（3）单体建筑的修缮

①山门。

台基：将砌筑台基与台阶的条石缝隙中的杂草铲掉，将条石的裂缝用高黏度的灰浆灌缝填实。

墙体：墙体青砖局部出现的细小裂缝用灰浆填实抹平。

山门门框：山门门框的朱红油漆局部剥落，应在门框表面罩上一道光油，防止朱红门上的油漆继续剥落。

屋顶：拔掉山门屋顶的杂草，重新定制风化破损的筒瓦和风化缺失的勾头，定制的筒瓦和勾头应该与原有的屋面筒瓦在品种、质量、色泽上保持一致。

②碑亭。

台基：将砌筑方形台基和台阶的条石缝隙中的杂草铲掉，将条石的裂缝用高黏度的灰浆填实，以免条石的局部下沉或酥碱。把碑亭的室内地面破碎的方砖石清理干净，将素土夯实，用边长25厘米的方砖石坐浆按原位置补好。

彩画：将枋上的和玺彩画剥落的位置用青色料加胶按照原有的彩画画法各道刷颜色，各道颜色落色后，再罩上一道光油，以防雨淋冲掉颜色。枋上的斗拱彩画颜色剥落严重，原为刷青绿拉白粉，斗拱重新刷色以角科、柱头科青升斗、绿翘绿昂为准，再向里推为青翘青昂绿升斗。刷色，沥粉，包胶，拉粉工序均由斗拱里向外依次操作，以防蹭掉。

屋顶：将碑亭单檐四角屋顶的杂草铲掉，用小铲子将瓦垄中的积土，杂草草根等铲除掉，并用水冲干净。重新定制风化破损的筒瓦和风化缺失的勾头，定制的筒瓦和勾头应该与原有的屋面筒瓦在品种、质量、色泽上保持一致。将定制好的瓦件更换，按照原样在底铺灰安装好。

③内院门。

台基：把台基的条石缝隙的杂草铲掉，将条石的裂缝用高黏度的灰浆填实，以免条石的局部下沉或酥碱。

挂落：内院门挂落南向边侧已经破损，将破损的青石用黏结剂黏结，再将缺失的部分用与原来石质色泽相同的青石进行填补，用黏结剂勾抹缝隙处。

屋顶：拔掉内院门屋顶的杂草，用小铲子将瓦垄中的积土，杂草草根等铲除掉，并用水冲干净。重新定制风化破损的筒瓦和风化缺失的勾头，定制的筒瓦和勾头应该与原有的屋面瓦件在品种、质量、色泽上保持一致。将定制好的瓦件更换，按照原样在底铺灰安装好。

④坟丘。

将圆顶上的杂草清除，圆顶的裂缝灌浆加固，再以白灰将裂缝处的表面抹光。将10米乘以7.6米的长方形石砌台基上的杂草清除，将风化破碎的地砖清理干净，再用高黏度的灰浆按原有位置补上边长25厘米的方形新砖，并用石灰勾缝并将地砖敦实。

⑤陵园院墙。

碑院院墙：碑院院墙的灰瓦上的杂草需要铲掉，用小铲子将瓦垄中的积土除掉，用水冲干净。破损的灰瓦要重新更换。局部碑院院墙有裂缝，将裂缝外侧的砖茬用灰抹平，部分墙体青砖剥落，用新的青砖填补。

坟院院墙：坟院院墙的灰瓦上的杂草需要铲掉，用小铲子将瓦垄中的积土除掉，用水冲干净。坟丘的东南向院墙的裂缝，在里侧裂缝处用化学黏结剂黏合，外侧用灰抹平。

（4）院落的整治

两进院子中的杂草较多，应该将甬路牙子石两侧的多余杂草清理。碑院内的甬路方砖石部分已经破损缺失。先将方砖石之间的石缝中生长的杂草和苔藓去除掉，将破碎的方砖石清理替换上新的方砖石，再将填补的方砖石敦实。方砖石上的裂缝用水泥浆抹平。将坟院内甬路的方形石板板缝中生长的杂草和苔藓去除掉，方形石板的裂缝用水泥浆填实。方形石板两侧的条砖以拐子锦的形式铺面。将条砖的砖缝中生长的杂草去除掉，破碎的条砖清理替换上新条砖。

11.8　舒尔哈齐陵文物修缮图纸目录

001 总平面图

002 陵门及南院墙平面图

003 陵门及南院墙南立面图、陵门及南院墙北立面图

004 陵门 1–1 剖面图

005 碑亭平面图

006 碑亭南立面（北立面）图

007 碑亭东立面（西立面）图

008 碑亭 1–1 剖面图

009 内院门及院墙平面图

010 内院门及院墙南立面图、内院门及院墙北立面图

011 内院门 1–1 剖面图

012 舒尔哈奇墓平面图

013 舒尔哈奇墓立面图

014 前院院墙立面图、后院院墙立面图

舒尔哈奇陵修缮方案	测绘

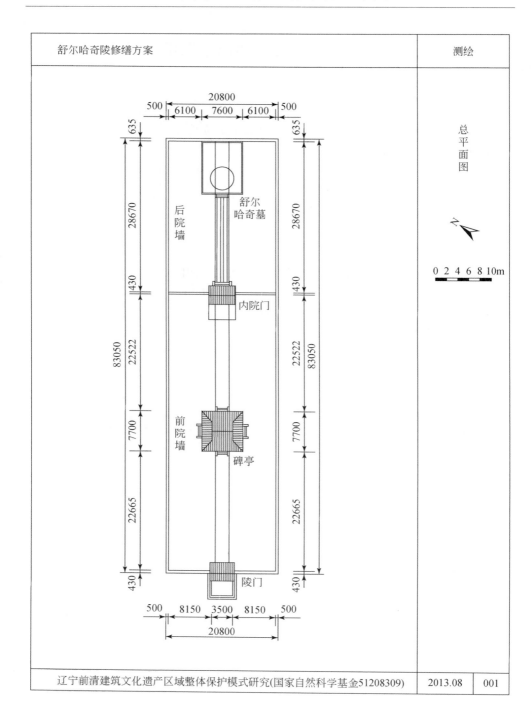

总平面图

0 2 4 6 8 10m

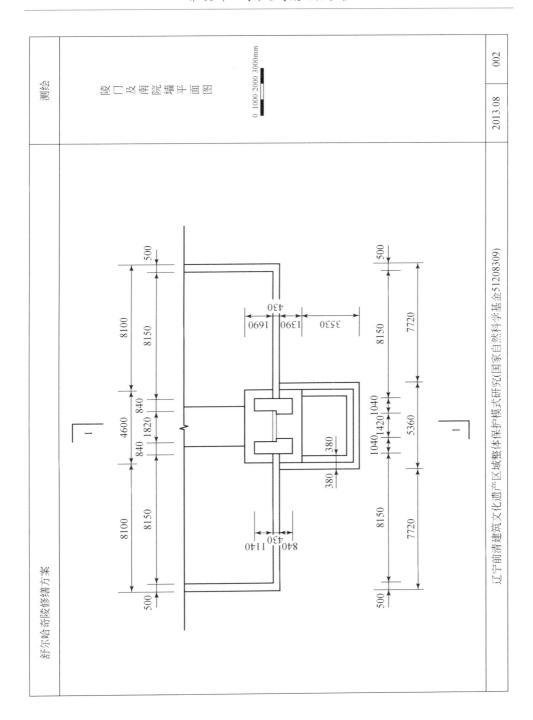

测绘

陵门及南院墙平面图

0 1000 2000 3000mm

2013.08　002

舒尔哈奇陵修缮方案

辽宁前清建筑文化遗产区域整体保护模式研究(国家自然科学基金51208309)

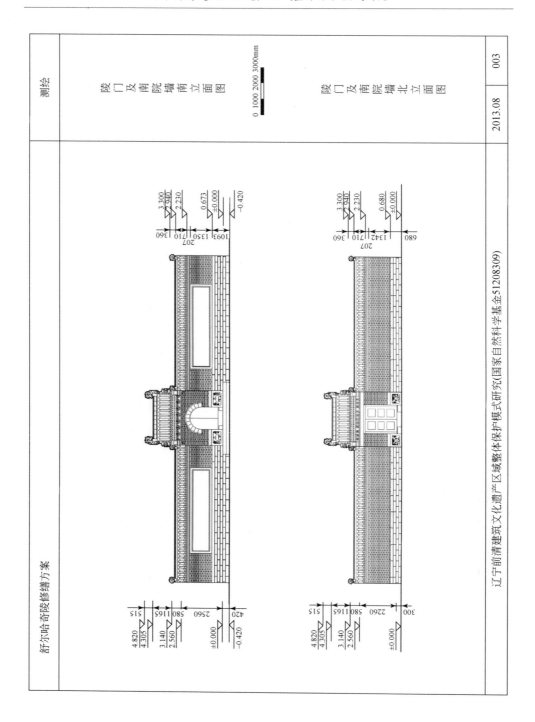

陵门及南院墙南立面图

陵门及南院墙北立面图

0 1000 2000 3000mm

测绘

2013.08

003

舒尔哈齐陵修缮方案

辽宁前清建筑文化遗产区域整体保护模式研究(国家自然科学基金51208309)

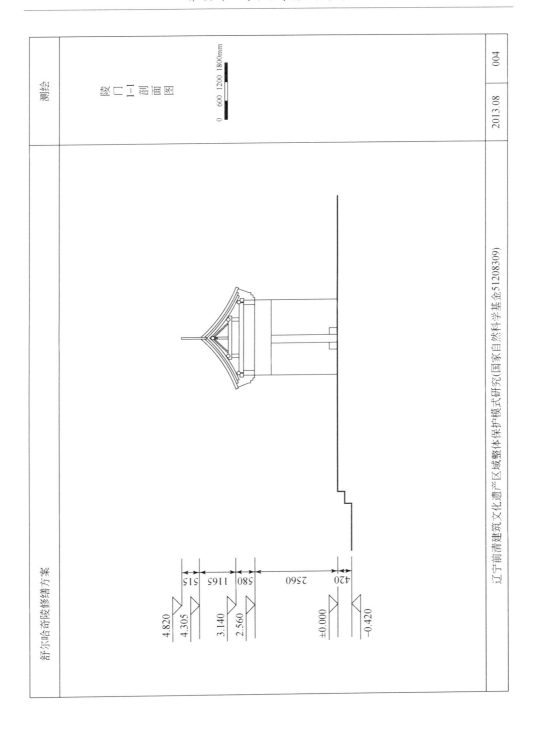

舒尔哈奇陵修缮方案

测绘

陵门 1—1 剖面图

0　600　1200　1800mm

004

2013.08

4.820
4.305
3.140
2.560
±0.000
-0.420

515
1165
580
2560
420

辽宁前清建筑文化遗产区域整体保护模式研究(国家自然科学基金51208309)

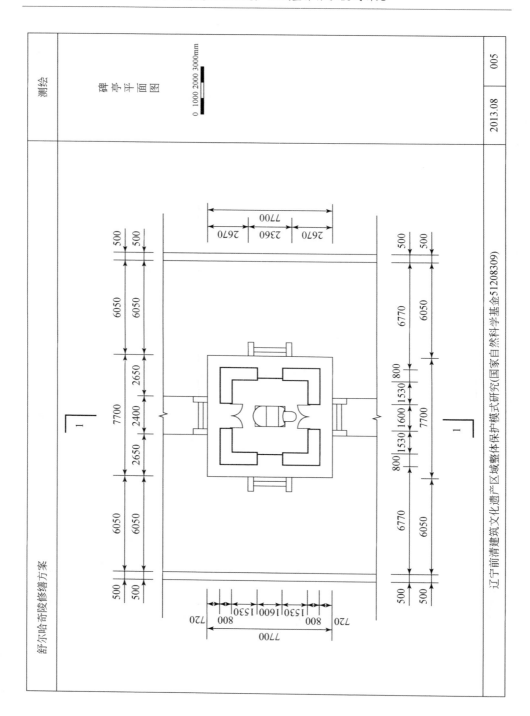

碑亭平面图

0 1000 2000 3000mm

测绘

2013.08

005

舒尔哈齐陵修缮方案

辽宁前清建筑文化遗产区域整体保护模式研究(国家自然科学基金51208309)

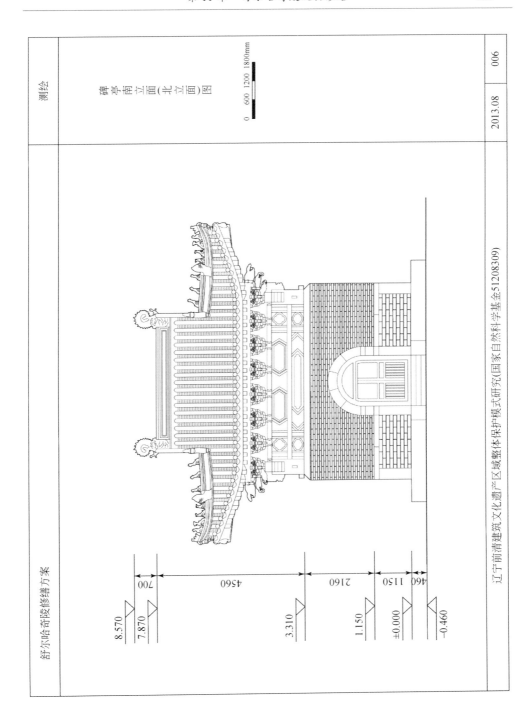

舒尔哈奇陵修缮方案

碑亭南立面(北立面)图

测绘

2013.08

006

0　600　1200　1800mm

辽宁前清建筑文化遗产区域整体保护模式研究(国家自然科学基金51208309)

8.570
7.870
700
3.310
4560
1.150
2160
±0.000
1150
460
−0.460

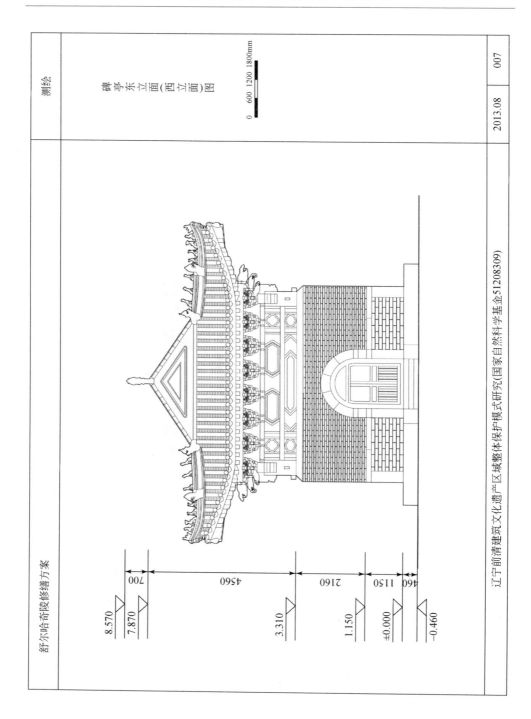

舒尔哈齐陵修缮方案

测绘

碑亭东立面(西立面)图

0　600　1200　1800mm

007

2013.08

辽宁前清建筑文化遗产区域整体保护模式研究(国家自然科学基金51208309)

8.570

7.870

700

4560

3.310

2160

1.150

1150

±0.000

460

-0.460

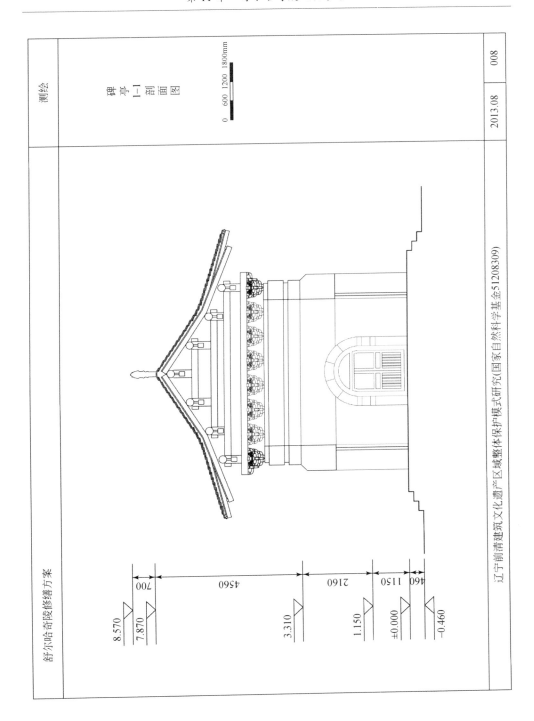

碑亭 1-1 剖面图

测绘

0　600 1200　1800mm

2013.08

008

舒尔哈奇陵修缮方案

8.570
7.870
700
4560
3.310
2160
1.150
1150
±0.000
460
-0.460

辽宁前清建筑文化遗产区域整体保护模式研究(国家自然科学基金51208309)

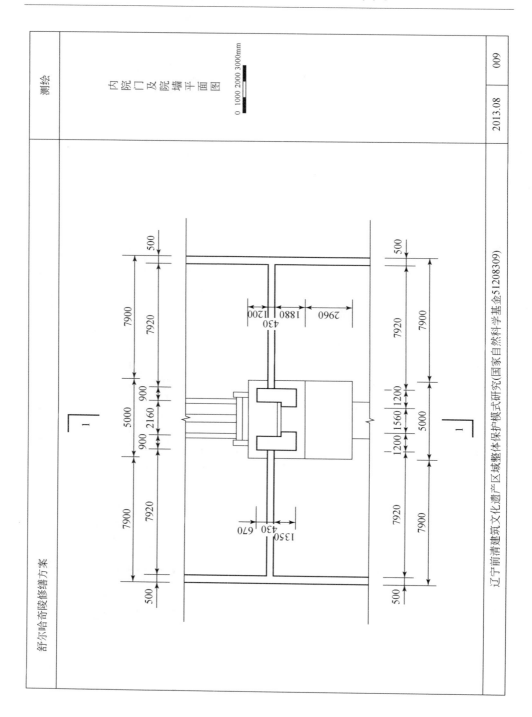

内院门及院墙平面图

0 1000 2000 3000mm

测绘

009

2013.08

舒尔哈奇陵修缮方案

辽宁前清建筑文化遗产区域整体保护模式研究(国家自然科学基金51208309)

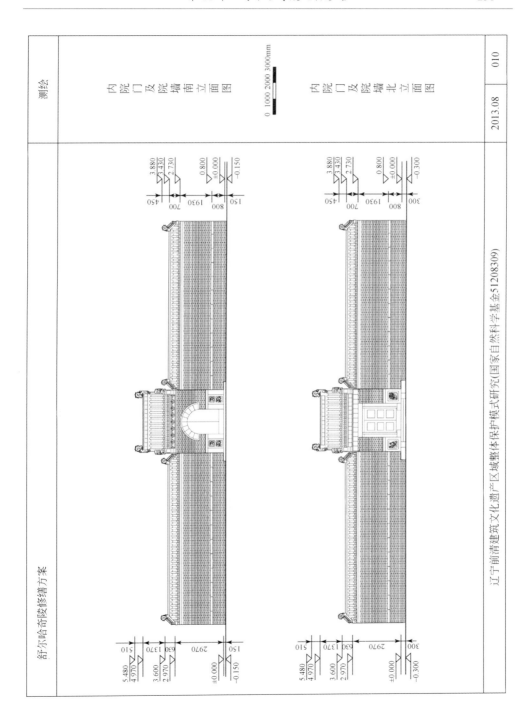

測繪　　　内院门及院墙南立面图　　010

内院门及院墙北立面图

0 1000 2000 3000mm

2013.08

舒尔哈奇陵修缮方案

辽宁前清建筑文化遗产区域整体保护模式研究(国家自然科学基金51208309)

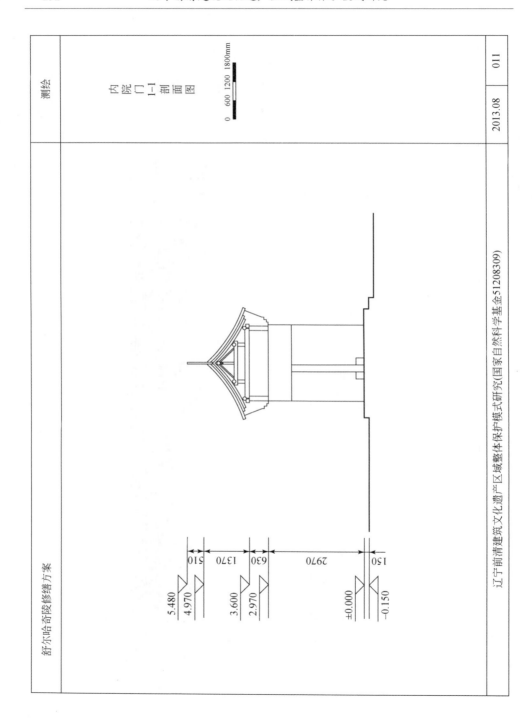

内院门 1-1 剖面图

0　600 1200 1800mm

测绘

2013.08　011

舒尔哈奇陵修缮方案

辽宁前清建筑文化遗产区域整体保护模式研究(国家自然科学基金51208309)

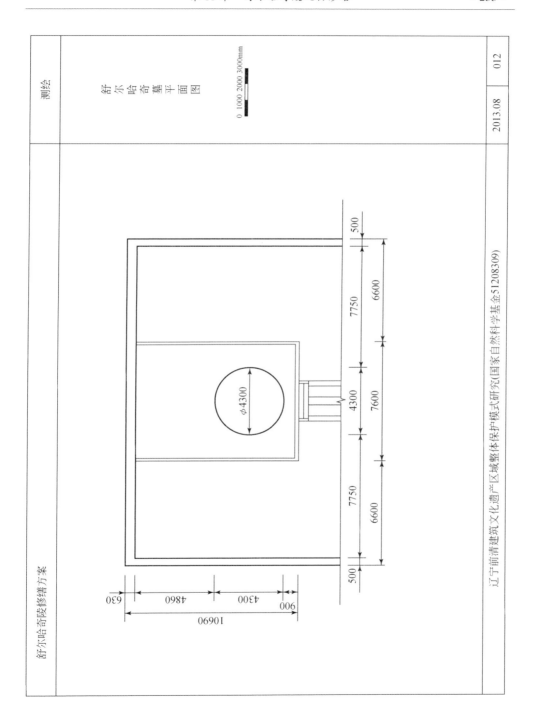

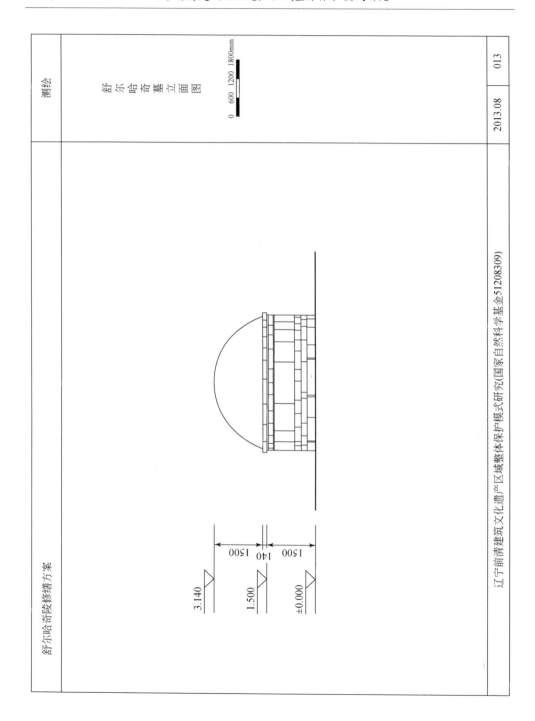

舒尔哈奇墓立面图

0　600　1200　1800mm

测绘

2013.08　013

舒尔哈奇陵修缮方案

3.140
1.500
±0.000

1500　140　1500

辽宁前清建筑文化遗产区域整体保护模式研究(国家自然科学基金51208309)

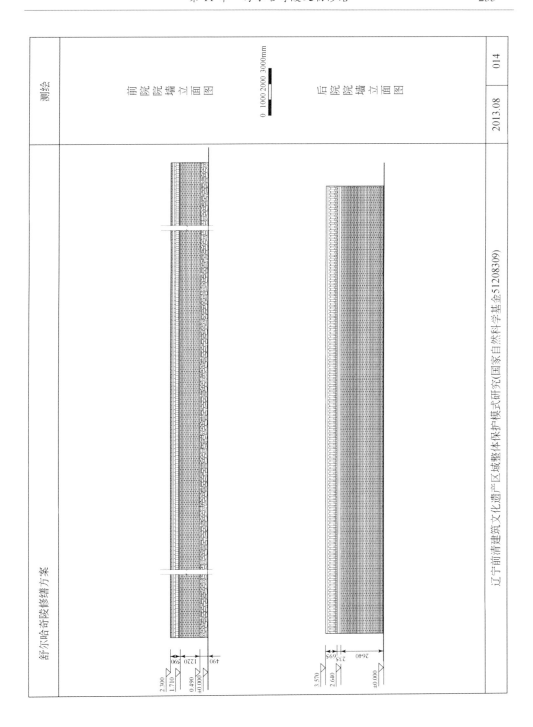

舒尔哈奇陵修缮方案

测绘

前院院墙立面图

后院院墙立面图

0 1000 2000 3000mm

2013.08

014

辽宁前清建筑文化遗产区域整体保护模式研究(国家自然科学基金51208309)

参 考 文 献

陈伯超.2007.地域性建筑的理论与实践.北京：中国建筑工业出版社.

杜玉.2009.明清宫殿建筑群旅游导示系统设计研究.沈阳航空航天大学硕士论文.

傅熹年.2002.中国历史建筑遗产保护面面观.小城镇建设,（8）：2-4.

李维.2008.汉长安城遗址标识系统设计.西安建筑科技大学硕士论文.

李新建,朱光亚.2003.中国建筑遗产保护对策.新建筑,（4）：38-40.

李振鹏,王民,何亚琼.2013.我国风景名胜区解说系统构建研究.地域研究与开发,（2）：86-89.

祁庆富.2004.民族文化遗产.北京：民族出版社.

孙文良,李治亭.2005.明清战争史略.南京：江苏教育出版社.

邵甬.2004.城市遗产研究与保护.上海：同济大学出版社.

单霁翔.2006.大型线性文化遗产保护初论：突破与压力.南方文物,（3）：2-5.

童乔慧.2003.中国建筑遗产概念及其发展.中外建筑,（6）：13-16.

王肖宇,陈伯超,毛兵.2007.京沈清文化遗产廊道研究初探.重庆建筑大学学报,（2）：26-30.

王肖宇,陈伯超.2007.美国国家遗产廊道的保护——以黑石河峡谷为例.世界建筑,（7）：122-124.

王肖宇.2015.辽宁前清建筑遗产区域保护.沈阳：辽宁科学技术出版社.

王志芳,孙鹏.2001.遗产廊道——美国历史文化遗产保护中一种较新的方法.中国园林,（5）：85-88.

薛康.2012.历史街区保护中适应性交通规划策略研究.青岛理工大学硕士论文.

袁闾琨,蒋秀松,滕绍箴等.2004.清代前史.沈阳：沈阳出版社.

阮仪三.2000.历史建筑与城市保护的历程.时代建筑,（3）：10-13.

姚宏伟,魏军,刘冰.2011.辽宁省公路网现状分析.北方交通,（5）：165-167.

俞泉.2001.汉长安城未央宫遗址区标识系统设计研究.西安建筑科技大学硕士论文.

朱强,李伟.2007.遗产区域：一种大尺度文化景观保护的新方法.中国人口·资源与环境,（1）：50-55.

张松.2001.历史城市保护学导论.上海：上海科学技术出版社.